科技强国
强国有我

青少年应该知道的

中国百大科技成果

贲 德 主编　　江苏省科普作家协会 编

U0240993

江苏凤凰美术出版社

前　言

费德（中国工程院院士）

　　中国高铁驰骋世界，中国北斗服务全球，中国天眼探索星河，中国深潜海底逐梦，中国超算赋能创新……国之重器，华夏威仪。中华人民共和国成立以来，我国科技事业在中国共产党的领导下，走出了一条中国特色的科技创新之路，取得了举世瞩目的伟大成就。这条不平凡的科技发展之路，印证了科技兴则民族兴、科技强则国家强的真理，也更坚定了中华民族科技自立自强的信心和决心。

　　科技强国，薪火相传。一部新中国的科技进步史，也是一部自立自强的奋斗史。

　　在中华民族伟大复兴的征程上，涌现出一代又一代的杰出科技工作者。我国科技事业所取得的每一个辉煌成就，都离不开科学家矢志报国、服务人民的高尚情怀和优秀品质。这些举世瞩目的成就离不开一代代科技工作者的艰苦奋斗和大胆求索，离不开新时代的科技工作者赓续创新奋斗的精神血脉。

　　为了更好地向广大青少年展现这些优秀的科技成果，弘扬以爱国主义为底色的科学家精神，江苏省科普作家协会联合江苏凤凰美术出版社精心编写了这本《青少年应该知道的中国百大科技成果》，图书精选了中华人民共和国成立以来 100 个科技发展领域的重大科技突破、科研进展和科学装置，涉及航空航天、军事科技、交通运输、生物医学、先进材料、民用技术等重要领域。

值得一提的是，作为一本高质量的综合性科普图书，在表现形式上，本书在对科技成果进行系统性梳理的基础上，综合运用了大量的图片、图表以及精准的插画让科学知识更加生动、美观。翻阅本书，如同欣赏一幅科技强国之路的壮丽画卷。

榜样的力量无穷无尽，精神的传承生生不息。青少年是国家的未来和民族的希望，希望本书的出版，能让广大青少年朋友了解当代中国波澜壮阔的科技发展历程，感受广大科技工作者在中国共产党的领导下只争朝夕、勇攀高峰的爱国热情和科学精神，牢固树立我们科技强国建设事业的民族自信心、自豪感。

启智增慧，崇德力行。希望广大青少年朋友点亮信仰的火炬，播撒科学的种子，保持对知识的渴望，保持对探索的兴趣，成为民族复兴之路上的生力军！

目　录

1

航空航天　空间科学

01　征途漫漫，勇攀高峰："长征"系列运载火箭 ………………………………… 12

02　中国航天史的新纪元："东方红一号"人造地球卫星 ………………… 14

03　赴九天，问苍穹：中国载人航天工程 ……………………………… 16

04　"嫦娥"奔月：中国探月工程 ……………………………………… 18

05　"神舟七号"：成功实现首次太空行走 …………………………… 20

06　筑梦太空："天宫"系列飞行器 …………………………………… 22

07　火眼金睛，探索太空："悟空号"暗物质粒子探测卫星 …………… 24

08　太空最耀眼的"科学之星"："墨子号"量子科学实验卫星 ………… 26

09　中国人的求知之眼：FAST 射电望远镜 ………………………… 28

10　巡天遥看一千河："慧眼号"硬 X 射线天文望远镜 ……………… 30

11　火星，中国来了：中国火星探测计划 …………………………… 32

12　自主创新引领大国风采："北斗"卫星导航系统 ………………… 34

2

军事科技　国防建设

13　技术封锁之下的战略"神器"：第一枚地对地近程导弹"东风–1号" ··· 38

14　大国利剑："东风"系列导弹家族 ············· 40

15　太阳般的火球腾空而起：第一颗原子弹爆炸成功 ············· 42

16　"有弹无枪"历史的终结：首次发射导弹核武器试验成功 ············· 44

17　腾空而起的耀眼蘑菇云：中国第一颗氢弹爆炸成功 ············· 46

18　一万年太久，只争朝夕：第一艘核潜艇下水 ············· 48

19　第一代主战坦克：69式坦克 ············· 50

20　海上多面手：中华神盾舰系列 ············· 52

21　空中"猛龙"，龙腾东方：歼–10首飞 ············· 54

22　"飞鲨"出鞘，斗破苍穹：歼–15原型机完成着舰起飞测试 ············· 56

23　列装的五代机：歼–20 ············· 58

24　"鲲鹏"展翅，高飞远航：运–20首飞 ············· 60

25　空中指挥所：预警机系列 ············· 62

26　察打一体：军用无人机 ············· 64

27　坦克的克星：武装直升机系列 ············· 66

28　首艘国产航母："山东号"航空母舰 ············· 68

3

交通运输 工程地质

㉙ 万里长江第一桥：武汉长江大桥 …………………………………………… 72

㉚ 新的"世界七大奇迹"之一：港珠澳大桥 ………………………………… 74

㉛ 世界石油开发史的奇迹：大庆油田 ……………………………………… 76

㉜ 揭开极地的神秘面纱：南北极科学考察站 ……………………………… 78

㉝ "人间天河"：南水北调工程 …………………………………………… 80

㉞ 只为点亮万家灯火：西气东输工程 ……………………………………… 82

㉟ 史诗般的治江壮举：长江三峡水利枢纽工程 …………………………… 84

㊱ 从"沙进人退"到"绿进沙退"："三北"防护林工程 ………………… 86

㊲ 神奇的"雪域天路"：青藏铁路 ………………………………………… 88

㊳ 镶嵌在蜀道上的"金腰带"：兰渝铁路 ………………………………… 90

㊴ 翱翔天空，百鸟朝凤：21 世纪新一代支线飞机"翔凤" ……………… 92

㊵ 飞向未来：国产 C919 大飞机 …………………………………………… 94

㊶ 使命感"爆棚"："复兴号"标准动车组 ……………………………… 96

㊷ "鲲龙"上天入海：AG600 水陆两栖飞机 …………………………… 98

㊸ 大洋上的中国荣耀：液化天然气载运船扬帆起航 ……………………… 100

㊹ 自由缝合城市空间：大型盾构机下线 …………………………………… 102

㊺ 挖沙造岛的巨无霸："天鲲号"自航绞吸挖泥船 …………………… 104

㊻ 海上"巨无霸"："蓝鲸 1 号"海上钻井平台 ……………………… 106

㊼ 电力的"高速公路"：特高压输电技术 ……………………………… 108

㊽ 悬崖上的建设：白鹤滩水电站 ………………………………………… 110

4

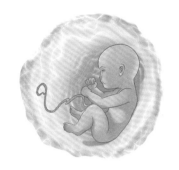

生物医学　基因工程

49 了不起的 11 年：新中国消灭天花 ………………………………… 114

50 显微外科的壮举：世界首例断肢再植术 ………………………… 116

51 人工合成蛋白质时代的开始：首次人工合成牛胰岛素 ………… 118

52 合成生物大分子的又一成就：人工合成核糖核酸 ……………… 120

53 中医药献给世界的一份礼物：青蒿素 …………………………… 122

54 脊椎动物克隆领域的伟大成就：首次克隆鲤鱼 ………………… 124

55 为世界粮食生产作出重大贡献：杂交水稻的突破 ……………… 126

56 哺乳动物体外受精时代的到来：首只试管山羊诞生 …………… 128

57 妙手仁心度众生：首例试管婴儿诞生 …………………………… 130

58 技术成熟的预防针：乙肝基因工程疫苗 ………………………… 132

59 戊肝防控的新希望："益可宁"实现商品化 …………………… 134

60 有望破译人类遗传信息：加入人类基因组计划 ………………… 136

61 棉铃虫的克星：转基因抗虫棉 …………………………………… 138

62 命中靶心：SARS 冠状病毒进化与起源新发现 ………………… 140

63 新发传染病研究的重大突破：明确新布尼亚病毒病原 ………… 142

64 破译世界结构生物学的难题：捕获剪接体高分辨率结构 ……… 144

65 破解孙大圣的秘籍："中华"克隆猴 …………………………… 146

66 寻找"上帝之手"：单染色体酵母在中国诞生 ………………… 148

67 领跑脑神经研究：获世界首例生物节律紊乱体细胞克隆猴 …… 150

68 癌症新疗法：特殊感光化合物专杀癌细胞 ……………………… 152

69 APL 患者的福音：发现 ATO 和 ATRA 临床治疗作用 ························ 154

70 培育人体器官成为可能：完成世界首例人 – 猴嵌合体胚胎 ·········· 156

71 "喝西北风"有望成真：二氧化碳变淀粉 ······························ 158

5

材料装备 基础研究

72 消灭微观世界图像上的一个空白点：发现反西格玛负超子 ············· 162

73 激光技术创造辉煌："小球照明红宝石"激光器诞生 ················ 164

74 现代工业制造的母机：首台万吨水压机 ······························ 166

75 筛法的光辉顶点：陈氏定理 ·· 168

76 东方的"人造太阳"：托卡马克实验装置 ···························· 170

77 探秘宇宙、惠及民生的"巨龙"：兰州重离子加速器 ················ 172

78 超级粒子"大炮"：北京正负电子对撞机 ···························· 174

79 高温合金技术的发展：第一个铁基高温合金诞生 ···················· 176

80 铁基超导的中国突破：发现 40K 以上的铁基高温超导体 ············ 178

81 世界唯一：深紫外全固态激光技术 ··································· 180

82 物理学家的殿堂：中国锦屏极深地下暗物质实验室 ·················· 182

83 宇宙的"户籍警察"：郭守敬望远镜 ································· 184

84 逐梦深蓝：中国载人深潜 ·· 186

85 物理学研究皇冠上的明珠：量子反常霍尔效应 ······················ 188

86 "幽灵粒子"来到现实：首次发现外尔费米子 ………………………… 190

87 科幻走进现实：自驱动可变形液态金属机器问世 ………………… 192

88 微观世界的"超级显微镜"：中国散裂中子源 …………………… 194

89 让宇宙更清晰：4 米量级碳化硅反射镜研制成功 ……………… 196

90 物质和材料领域的重大成果：纳米金属的研究 …………………… 198

91 经典计算机面临的挑战：世界首台光量子计算机诞生 ………… 200

92 向量子优盘靠近：量子光存储时间被提高至 1 小时 …………… 202

6

民用技术　数据智能

93 华夏第一屏：首台国产电视机 …………………………………… 206

94 告别"铅与火"，跨进"光与电"：研制汉字激光照排系统 ………… 208

95 计算机中的"争气机"："银河"系列计算机问世 ……………… 210

96 性能超强的超级计算机："神威·太湖之光" …………………… 212

97 "芯芯"之火，可以燎原："龙芯"处理器诞生 ………………… 214

98 移动通信技术的时代变迁：从 1G 时代开始 …………………… 216

99 移动通信标准崛起：5G 时代的到来 …………………………… 218

100 消费级无人机中的独角兽：大疆无人机 ………………………… 220

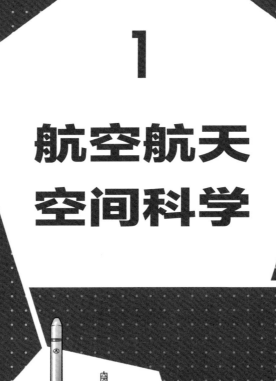

1

航空航天
空间科学

征途漫漫，勇攀高峰：
"长征"系列
运载火箭

开始研制时间	1965 年
首飞成功时间	1970 年 4 月 24 日
首 次 成 功	"长征一号"成功发射"东方红一号"
研 制 单 位	航天一院、航天八院等

"长征"系列运载火箭是我国自行研制的航天运载工具，它的研制从 1965 年开始。1970 年"东方红一号"卫星成功发射，当时执行任务的就是"长征一号"运载火箭。到目前为止，"长征"火箭已发射的有"长征一号""长征二号""长征三号""长征四号""长征五号""长征六号""长征七号""长征八号"和"长征十一号"9 个系列，其中"长征一号"系列已全部退役。

"长征"系列各轨道最大发射能力分别是：近地轨道25吨，太阳同步轨道15吨，地球同步转移轨道14吨。下面我们就来看看这个大家族中的几个突出代表吧。

"长征二号F"运载火箭，简称"长二F"，别称"神箭"，是"长征二号"家族中的最新改进型号，主要用于发射"神舟"系列载人飞船。"长二F"是在"长征二号"捆绑火箭的基础上，按照发射载人飞船的要求而研制的新型运载火箭。它自1992年中国载人航天工程启动之时开始研制，1999年11月20日首次发射并成功将中国第一艘实验飞船——"神舟一号"送入太空。

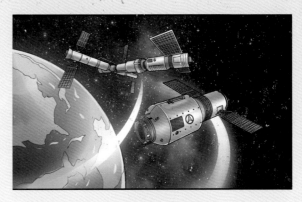

"天舟一号"货运飞船搭乘"长征七号遥二"运载火箭升空，与"天宫二号"顺利完成首次自动交会对接。

"长征五号B"运载火箭主要用于空间站舱段等近地轨道大型航天器发射任务，是在"长征五号"运载火箭基础上改进研制的新型火箭，根据空间站任务要求新研制了大型整流罩，并对全箭进行了适应性改造。

"长征七号"的运载能力在"长征五号"和"长征六号"之间，是新一代运载火箭序列中，介于大型运载火箭与小型运载火箭中间的种类。它将和"长征五号""长征六号"一起，逐步替代现有的"长征二号""长征三号""长征四号"系列成为中国未来的主力火箭。

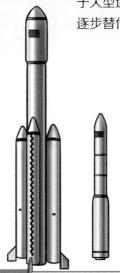

"长征七号"火箭是为载人航天工程发射货运飞船而研制的，可靠性指标高达0.98，达到国际运载火箭可靠性的最高水平，超越现役"长征二号F"火箭（可靠性指标0.97）。今后，"长征七号"将承担该级距内80%左右的发射任务，搭载"天舟号"货运飞船。中国首艘货运飞船"天舟一号"于2017年4月20日从文昌航天发射场搭乘新一代"长征七号"运载火箭发射升空，后者今后还将用于发射新一代载人飞船。2023年1月9日06时00分，"长征七号A"运载火箭在中国文昌航天发射场点火起飞，发射取得圆满成功，本次发射是"长征"系列运载火箭的第459次发射。

中国航天史的新纪元：
"东方红一号"
人造地球卫星

成　果	中国第一颗人造卫星
发射日期	1970 年 4 月 24 日 21 时 35 分
发射地点	酒泉卫星发射中心
运载火箭	"长征一号"

1970 年 4 月 24 日，中国第一颗人造卫星在酒泉卫星发射中心成功发射，由此开创了中国航天史的新纪元，我国成为世界上第五个独立研制并发射人造地球卫星的国家。

1970年4月24日21时35分，伴随着火箭巨大的轰鸣声，"长征一号"运载火箭搭载着"东方红一号"人造卫星点火升空。15分钟后，喀什观测站传回数据。随后，每家每户的收音机都开始播送由"东方红一号"卫星播发的解码后的《东方红》乐声，天安门广场人潮涌动，大家欢呼雀跃，脸上无不洋溢着喜悦与自豪。至此，"东方红一号"发射成功，中国成为全世界第五个有能力独立自主研究、发射地球卫星的国家。在"东方红一号"上天后，中国对"东方红一号"卫星飞经各国首都上空的时间进行了预报，以便各国观测。浩瀚的宇宙中第一次响起了中国的声音。

　　"东方红一号"卫星发射成功后，在轨工作28天，超额完成了发射任务，至今仍在轨运行。它顺利通过了太空极端环境的考验，从此拉开了中国人民探索宇宙奥秘、和平利用太空、造福人类的序幕。

　　在一穷二白的基础上，中国用自主研制的第一枚"长征一号"运载火箭把自主研制的第一颗人造卫星送上了天，让太空中第一次出现了中国人的声音，让中国人的脊梁挺了起来。"东方红一号"卫星不仅促进了我国卫星事业科学研究的大发展，见证了中国航天从无到有、从小到大、从弱到强，激励着一代又一代航天人砥砺前行。2016年国务院将"东方红一号"卫星成功升空的纪念日设立为"中国航天日"，并在北京航空航天大学召开了隆重典礼。

　　"东方红一号"卫星承载着中国航天人的梦想，承载着中国和平探索和利用太空的愿望。这个梦想，同样深深地埋藏在每个中国人的心底，融入中华民族伟大复兴的征程之中。

赴九天，问苍穹：
中国载人航天工程

批准时间 1992 年 9 月 21 日

发展战略 三步走

历　程 截至 2023 年 5 月十一次载人飞行

计　划 中国载人航天工程计划

中国特色的载人航天事业启动伊始就确立了"三步走"战略：第一步，发射载人飞船，将航天员安全送入近地轨道，建成初步配套的试验性载人飞船工程，开展空间应用实验；第二步，突破航天员出舱活动技术、空间飞行器的交会对接技术，发射空间实验室，解决有一定规模的、短期有人照料的空间应用问题；第三步，建造空间站，解决有较大规模的、长期有人照料的空间应用问题。

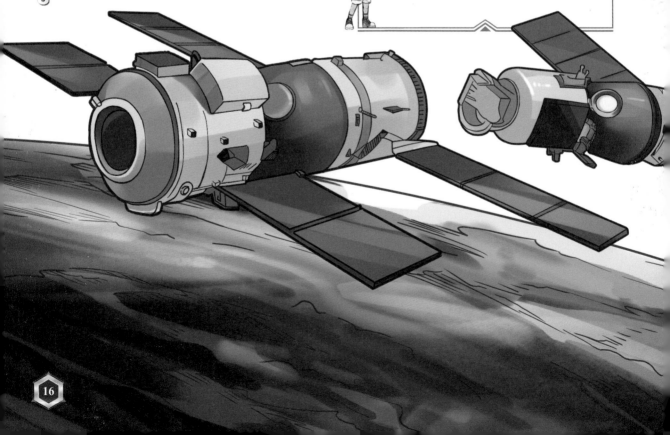

1992 年 9 月 21 日，中共中央正式批准，我国载人航天工程立项实施，工程代号"921"。当时已经 60 岁的王永志被任命为中国载人航天工程的总设计师，59 岁的戚发轫被任命为载人飞船总设计师。过去，他们曾是参与"两弹一星"任务的优秀年轻科研人员。而如今，他们带领着新一代中国航天人，开启中国新的航天时代，向宇宙迈出了新的征程。

　　1999 年 11 月 20 日凌晨，"神舟一号"顺利升空，圆满完成各项预定操作任务后返回地球，并于 21 日成功降落在内蒙古自治区的着陆场。在随后的几年内，"神舟二号""神舟三号"及"神舟四号"无人飞船接连顺利升空。中国的载人航天梦已近在咫尺。全世界都开始期待中国的航天员何时能够正式亮相太空。

　　2003 年 10 月 15 日 9 时，我国第一艘载人飞船"神舟五号"搭载着我国航天员杨利伟从酒泉卫星发射中心顺利飞向太空，标志着我国成为世界上第三个能够独立开展载人航天活动的国家。

　　"神舟五号"在设计上允许搭载三个人，所以当时有人建议至少搭载两个人，目的是要比当时世界上其他国家第一次载人航天搭载的人多，而且"神舟五号"已有这个能力。但经过反复争论，最后出于稳妥考虑，决定"神舟五号"上只搭载一个人。"神舟五号"在轨飞行时间比世界上其他国家第一次载人航天的时间都长，历时 21 小时 23 分。

　　从此，我国正式开启载人航天的新征程，我国载人航天事业稳步推进，不断挑战新高度。

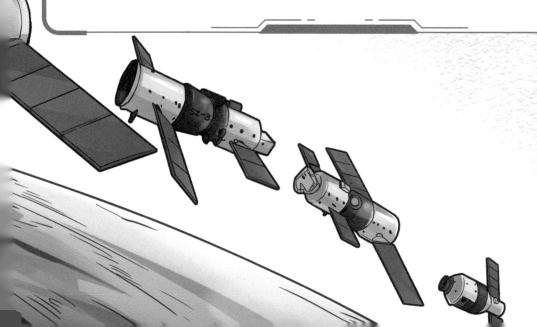

"嫦娥"奔月：
中国探月工程

类　　别	星际探测
成　　果	研制并发射 6 枚月球探测器
突 破 点	完成"绕""落""回"三步走计划
研制单位	中国空间技术研究院

2004 年 1 月，我国正式启动月球探测工程，并赋予了它一个梦幻般的名字——"嫦娥工程"，工程规划为三期，简称"绕""落""回"。

自古以来，中国人就对月亮怀有一份特殊的情感。随着科学技术的发展，人们逐渐了解到月球是地球唯一的天然卫星，也是离地球最近的一个天体，它跟地球有着千丝万缕的联系。因此，开展地外天体探测，月球是首选。

2007年10月24日，"嫦娥一号"月球探测器发射升空，顺利进入月球轨道，获取了中国第一幅全月球影像图；2009年3月1日，"嫦娥一号"圆满完成"绕"月任务，撞击月球表面预定地点。2010年10月1日，"嫦娥二号"发射升空，它主要用于试验，验证一些新技术和新设备，深化月球科学探测；2012年12月15日，"嫦娥二号"工程宣布收官。2013年12月2日，"嫦娥三号"发射升空；12月14日，它成功软着陆于月球虹湾区，这是中国航天器首次在地外天体实现软着陆。2018年12月8日，"嫦娥四号"发射升空；2019年1月3日，它成功着陆在月球背面，并传回了世界上第一张近距离拍摄的月背影像图，揭开了古老月背的神秘面纱。2020年11月24日，"嫦娥五号"发射升空；2020年12月17日，它携带月球样品返回地球，圆满完成我国首次地外天体采样返回任务。这标志着中国航天向前迈进了一大步，将为深化人类对月球成因和太阳系演化历史的科学认知作出贡献。2024年5月3日，"嫦娥六号"发射升空，之后准确进入地月转移轨道；2024年6月4日，它完成了世界首次月球背面采样和起飞。2024年6月25日，"嫦娥六号"携带月球背面样品返回地球，其返回方式采用了半弹道跳跃式返回技术，即"打水漂"的方式再入大气层，最终通过伞降辅助成功着陆。

时逢盛世铸辉煌，浓墨重彩谱华章。相信我国航天科技工作者一定会为实现中华民族伟大复兴的中国梦作出更大贡献！

时　间	事　件
2009年3月1日	"嫦娥一号"完成绕月探测，受控撞月
2010年12月15日	"嫦娥二号"圆满完成各项拓展试验
2013年12月14日	"嫦娥三号"成功着陆月球
2019年1月3日	"嫦娥四号"实现月球背面软着陆
2020年12月17日	"嫦娥五号"完成地外天体采样任务返回地球
2024年6月4日	"嫦娥六号"完成世界首次月球背面采样和起飞

"神舟七号"：成功实现首次太空行走

类 别	星际探测
成 果	实现我国航天员首次空间出舱活动
突破点	气闸舱、舱外航天服和航天员地面训练等
航天服研制单位	航天医学工程研究所

2008年9月27日，我国航天员翟志刚在"神舟七号"任务中完成中国人的第一次出舱活动，这标志着我国成为第三个独立掌握出舱活动关键技术的国家。

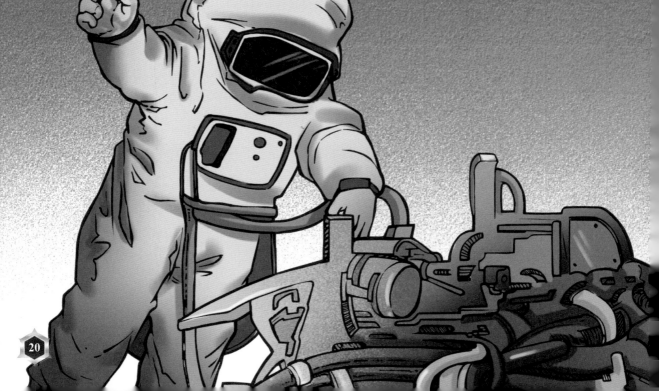

2008 年 9 月 25 日，"神舟七号"载人飞船成功发射，将翟志刚、刘伯明、景海鹏 3 名航天员送入太空。9 月 27 日，航天员翟志刚圆满完成我国首次空间出舱任务。

"神舟七号"的主要任务是突破和掌握航天员出舱活动技术，与"神舟五号"和"神舟六号"任务相比，其主要突破了载人飞船气闸舱、舱外航天服和航天员地面训练等关键技术。

2008 年 9 月 27 日 16 时 35 分 12 秒，历史将永远铭记这一时刻。随着"神舟七号"轨道舱舱门的打开，浩瀚的太空向中国人敞开了怀抱。翟志刚身着中国研制的"飞天"舱外航天服，在刘伯明的辅助下，进行了 19 分 35 秒的出舱活动。他在舱外取回了科学试验材料并进行了太空行走。

"神舟七号"载人航天飞行任务圆满完成，实现了我国空间技术发展的重大跨越，标志着我国成为世界上第三个独立掌握空间出舱关键技术的国家，是我国航天科技领域的又一次重大突破，具有里程碑意义。

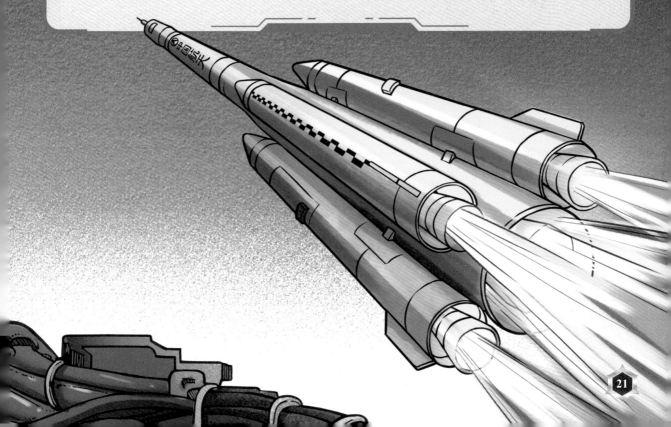

筑梦太空：
"天宫"系列
飞行器

类　　别	目标飞行器
成　　果	打造中国第一个空间实验室
研制单位	中国航天科技集团有限公司
发射地点	酒泉卫星发射中心

"天宫"由天和核心舱、问天实验舱和梦天实验舱三个舱段组成。在"天宫"空间站诞生之前，其实还有两个叫作"天宫"的飞行器曾经穿梭于茫茫太空，它们就是为天宫空间站建设进行技术验证和储备的"天宫一号"和"天宫二号"。

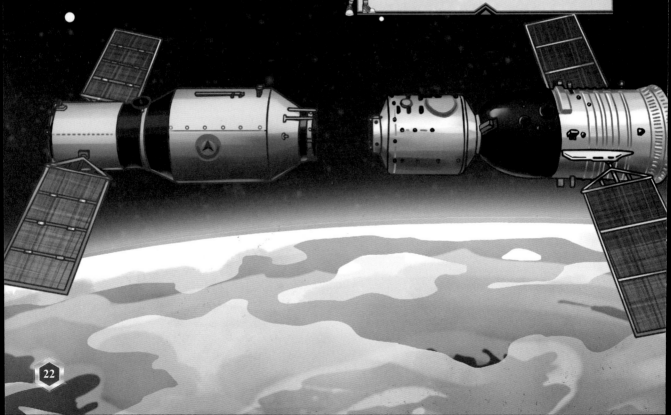

"天宫"空间站是我国从 2021 年开始建设的模块化空间站系统，是继 1998 年国际空间站之后建设的另一座空间站。"天宫"的所有技术均为中国自主持有，可以说是一个国家做了一群国家才能做成的事情。

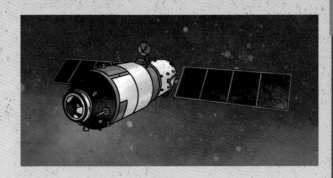

天宫二号

"天宫一号"是由中国航天科技集团设计、制造，并于北京时间 2011 年 9 月 29 日发射升空的我国载人航天工程首个目标飞行器。作为目标飞行器，与太空实验室、太空站核心舱和实验舱等不同的是，"天宫一号"的发射目的只是作为其他飞行器的接合点，验证太空对接技术，为将来建立永久性空间站做好技术储备。这就决定了它并不会长时间逗留太空。

"天宫一号"的服役寿命设计为两年，实际上它超额完成了组织交付的任务，在太空服役了约四年半的时间。它太空生涯的高光时刻要数在 2011 年 11 月 3 日首次与"神舟八号"的交会对接成功。这是中国太空史上第一次航天器对接，也使中国成为世界上第三个独立完成太空对接的国家。

2016 年 3 月 21 日，中国载人航天工程办公室宣布"天宫一号"历史任务圆满结束，数据连接终止，飞船将从约 300 千米高度的轨道以每天 160 米的速度缓慢下降，绝大部分器件在再入大气层过程中烧蚀销毁。

"天宫二号"与"天宫一号"在外观上基本相同，大小也一致。将"天宫二号"送上太空的也是"长二 F"运载火箭。2016 年 9 月 15 日，"天宫二号"从酒泉卫星发射中心升空，同年 10 月 19 日，载有两名航天员的"神舟十一号"飞船与"天宫二号"在太空完成交会对接，两名宇航员在太空生活了一个月。

2018 年 9 月 15 日，"天宫二号"完成了在轨运行两年的目标。2019 年 7 月，"天宫二号"受控离轨再入大气层烧毁，少量残骸落入南太平洋的无人海域中，圆满完成了它的使命。

火眼金睛，探索太空：
"悟空号"暗物质粒子探测卫星

类　　别	星际探测
发射时间	2015 年 12 月 17 日
发射地点	酒泉卫星发射中心
地　　位	中国首颗暗物质粒子探测卫星

"悟空号"于 2015 年 12 月 17 日搭乘"长征二号丁"运载火箭发射升空，进入预定的 500 千米太阳同步轨道。它是我国首颗暗物质粒子探测卫星，同时也是我国首个空间望远镜。这颗卫星，到底有哪些神奇之处？

"悟空"是我国空间科学系列卫星的首发星——暗物质粒子探测卫星的昵称，这一昵称是从公开征集的 32 517 个命名方案中脱颖而出的。"悟空"有两层含义：一是领悟探索太空之意；二是与中国古典神话中孙悟空同名，寓意借助悟空的"火眼金睛"来观测宇宙。

　　想要深入了解"悟空"，首先要对它探测的目标——暗物质粒子有一个清晰的认识。那么，什么是暗物质粒子呢？现代物理学研究表明，整个宇宙的质量组成为：68.3% 的暗能量、26.8% 的暗物质以及 4.9% 的可见物质。我们所知晓的原子属于可见物质，而暗能量和暗物质，顾名思义，就是之前没有被我们"看到"甚至"探测"到的能量和物质。

　　暗物质和暗能量的特殊性，导致它们极难被探测到，但再大的困难也挡不住科学家对它们孜孜不倦的探索。物理学家们通过加入强弱不同的相互作用模拟，最终得到暗物质的一些基本属性：暗物质粒子比较重，而且相互作用很弱。

　　"悟空号"卫星采用的是间接探测的方式。暗物质粒子湮灭时，会产生大量的高能宇宙射线，通过搭载在空间卫星上的探测器，记录打在上面的高能宇宙射线粒子，将探测信息传回地球。科学家通过数据处理和分析，获得关于高能射线的能谱。

　　"悟空"在轨运行前 530 天，共接收到约 28 亿个宇宙射线粒子；到 2018 年 7 月，"悟空"已经接收到总计 47 亿个宇宙射线粒子；在之后的时间中，"悟空"接收到更多的宇宙射线粒子，从而得到更加精确的结论。

太空最耀眼的"科学之星"：
"墨子号"量子科学实验卫星

类　　别	星际探测
发射时间	2016 年 8 月 16 日
发射地点	酒泉卫星发射中心
地　　位	全球首颗量子科学实验卫星

2016 年 8 月 16 日凌晨 1 时 40 分，当大多数国人已然进入甜美梦乡时，世界首颗量子科学实验卫星——"墨子号"在我国酒泉卫星发射中心成功发射。我国在世界上首次实现卫星与地面之间的量子通信，构建天地一体化的量子保密通信与科学实验体系。

2020 年 9 月 11 日，国家重大文化工程《辞海》（第七版）在新增内容中添加了"量子通信""量子科学实验卫星"等词条，遨游太空的"墨子号"量子科学实验卫星有了属于自己的"正式名称"。它的名字是为了纪念 2000 多年前，世界上第一位开展光学实验的科学家、中国古代思想家墨子。

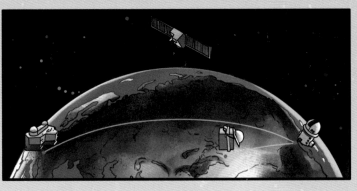

量子保密通信网络示意图

量子通信系统的问世，点燃了建造"绝对安全"通信系统的希望。当前，量子通信的实用化和产业化已经成为各个大国争相追逐的目标。目前，基于光纤的城域和城际量子通信技术正在走向实用化和产业化，我国在这方面也已走在了世界前列。但是由于光纤的固有损耗和单光子状态的不可复制性，目前点对点光纤量子通信的距离难以突破百千米量级。因此，要建立广域甚至全球化的量子通信网络，还需要借助卫星的中继。总体而言，我国在量子通信的研究和应用方面处于国际领先地位，在量子计算方面与发达国家处于同一水平线，在量子精密测量方面发展迅速。

"墨子号"将通过在地面建立高品质量子纠缠光源，将其中一个光子通过地面发射望远镜发送到卫星平台，在地面联合纠缠测量后，对卫星平台上的纠缠光子进行测量，得到地面的传输量子态，从而实现了基于量子纠缠的地面 – 卫星远距离量子隐形传态实验。

1969 年，在加利福尼亚大学洛杉矶分校和斯坦福大学实现人类历史上第一次计算机联网通讯的那一刻，世界并没有引起多大波澜；而今的世界已经因此天翻地覆，我们生活在被网络包围的空间，关系如同鱼水一样密切。"墨子号"升空的那一刻，世界同样没有发生巨变，但我们坚信，量子通信也必将迎来属于它的崭新未来！

中国人的求知之眼：
FAST 射电
望远镜

类　　别	星际探测
成　　果	发现毫秒脉冲星、捕获快速射电暴源
突 破 点	利用天然喀斯特巨型洼地作为望远镜台址
研制单位	中国科学院国家天文台

2016年9月25日，被誉为"中国天眼"的500米口径球面射电望远镜FAST，在历经漫长时光后，终于克服资金和技术上的重重困难，在贵州平塘的喀斯特洼坑里落成启用。它的建成，对推动我国深空探测发展有重大意义，并将在未来二三十年内保持世界领先水平。

说起 FAST 这个英文名字，倒并非有意要取意为"快"。事实上，它是英文"Five-hundred-meter Aperture Spherical radio Telescope"的缩写，全名为"500 米口径球面射电望远镜"。500 米口径的球面天线，其反射面相当于 30 个标准足球场那么大。就大小而言，FAST 远远超过了号称"地面最大机器"的德国波恩 100 米口径望远镜，以及美国的 Arecibo 300 米口径望远镜。这么庞大的一个观测宇宙的"天眼"坐落在崇山峻岭间，霸气十足。

FAST 从提出构想到通过国家验收花费了 26 年的时间，近百名科研工作者前赴后继投入这个项目中，开展了一系列的技术攻关，克服了力学、测量、控制、材料、大尺度结构等领域诸多技术难题，实现了多项自主创新。

FAST 所拥有的自主技术创新，使它在灵敏度、分辨率和巡星速度上都站在了世界射电望远镜的前沿，为我国进一步探测宇宙打开了一扇天窗。科学家依托"中国天眼"FAST，已经取得一批重要科研成果：持续发现毫秒脉冲星，FAST 中性氢谱线测量星际磁场取得重大进展，获得迄今最大快速射电暴爆发事件样本，首次揭示快速射电暴爆发率的完整能谱及其双峰结构……

2021 年 3 月 31 日，FAST 正式向全球开放共享，向全球天文学家征集观测申请，实现了"各国天文学家携手探索浩瀚宇宙，共创人类美好未来"的美好愿景。

巡天遥看一千河：
"慧眼号"硬 X 射线天文望远镜

类　　别	中国第一个空间天文卫星
成　　果	测到迄今宇宙最强磁场
突 破 点	采用直接解调成像方法
研制单位	中国空间技术研究院

2017 年 6 月 15 日，我国自主研发的"慧眼号"硬 X 射线调制天文卫星发射成功。它是中国第一个空间天文卫星，是既可以实现宽波段、大视场 X 射线巡天，又能够研究黑洞、中子星等高能天体的短时标光变和宽波段能谱的空间 X 射线天文望远镜，同时也是具有高灵敏度的伽马射线暴全天监视仪。

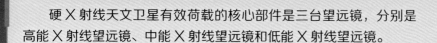

　　硬 X 射线天文卫星有效荷载的核心部件是三台望远镜，分别是高能 X 射线望远镜、中能 X 射线望远镜和低能 X 射线望远镜。

　　由于不同能量的 X 射线辐射源于天体上不同的物理过程或者具有不同物理条件的区域，三种望远镜能在不同的波段同时观测一个天体，对其活动给出更全面和更准确的诊断。为了增加保险系数，"慧眼号"卫星上还搭载了一台空间环境监测器，用来监测卫星运行空间中的带电粒子环境，当卫星出现异常的时候，可协助判断出现问题的原因。

　　硬 X 射线天文卫星的主要功能包括：一是研究黑洞的性质及极端条件下的物理规律，探测大批超大质量黑洞和其他高能天体，研究宇宙 X 射线背景辐射的性质；二是通过定点观测黑洞和中子星、活动星系等高能天体，分析其光变和能谱性质，研究致密天体和黑洞强引力中物质的动力学和高能辐射过程。

　　"慧眼号"能够以高灵敏度和高分辨率，看到被尘埃遮挡的超大质量黑洞和其他未知类型的高能天体，完成信息的收集，同时还能研究宇宙硬 X 射线背景的性质。

火星，中国来了：
中国火星探测计划

类　　别	星际探测
成　　果	"天问一号"着陆巡视器着陆火星
突 破 点	中国首次实现地外行星着陆
研制单位	中国空间技术研究院

2021年5月15日7时18分，"天问一号"着陆巡视器成功着陆火星。这标志着我国成为世界上第二个成功着陆火星的国家。我国迈出了星际探测征程的重要一步，实现了从地月系到行星际的跨越，这是我国航天事业发展的又一里程碑。

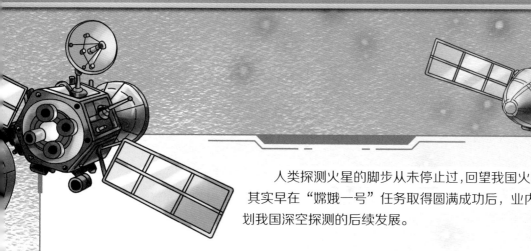

人类探测火星的脚步从未停止过,回望我国火星探测的历史,其实早在"嫦娥一号"任务取得圆满成功后,业内专家即开始谋划我国深空探测的后续发展。

2011年11月9日,我国第一颗火星探测器"萤火一号"搭乘俄罗斯的运载火箭,与俄罗斯的"福布斯－土壤号"火星探测器一起发射升空。但很遗憾,"福布斯－土壤号"变轨失败了。我国火星探测计划的第一步以失败而告终。2020年7月23日,我国自主研制的火星探测器"天问一号"不负重托,成功发射升空,圆满完成了一系列既定任务。

"天问一号"探测器是一个总的称呼,它是由环绕器、着陆器和巡视器组成的。在火星的轨道上绕着火星飞,对火星进行观测的,叫作环绕器;在环绕观测任务结束后,与环绕器分离、在火星表面着陆的,叫作着陆器;在安全着陆火星后,从着陆器舱里放出来的火星车就是巡视器,又被称为"行走的探测器"。这三位"成员"分工明确、各司其职、配合默契,圆满完成了现阶段的火星探测任务。

时 间	事 件
2011年11月9日	"萤火一号"火星探测器发射失败
2020年7月23日	"天问一号"火星探测器发射成功
2021年2月10日	"天问一号"成功进入环火星轨道
2021年5月15日	"天问一号"着陆火星
2021年5月22日	"祝融号"火星车驶离着陆平台
2021年11月8日	"天问一号"环绕器准确进入遥感使命轨道

自主创新引领大国风采：
"北斗"卫星
导航系统

成　果	国家重要空间基础设施
用　途	导航、定位、授时
突破点	具备短报文通信能力
研制单位	中国空间技术研究院

2020 年 6 月 23 日，我国在西昌卫星发射中心用"长征三号乙"运载火箭，成功发射"北斗"系统第五十五颗导航卫星，这也是"北斗三号"的最后一颗全球组网卫星。2020 年 7 月 31 日，"北斗三号"全球卫星导航系统正式开通。随着全球组网的成功，"北斗"卫星导航系统未来的国际应用空间将不断扩展。2023 年 12 月 26 日，第五十七颗、五十八颗北斗导航卫星成功发射，该组卫星是我国"北斗三号"全球卫星导航系统建成开通后发射的首组 MEO（中地球轨道）卫星。

"北斗"卫星导航系统是中国着眼于国家安全和经济社会发展需要，自主建设、独立运行的卫星导航系统，是为全球用户提供全天候、全天时、高精度的定位导航和授时服务的国家重要空间基础设施。

"北斗"的建设历程可以概括为以下三步：

第一步：初步建设（1994 年 -2000 年）
1994 年，中国启动了"北斗"卫星导航系统的研制工作。在经过多年的研究和试验后，2000 年 12 月，中国成功发射了首颗"北斗"导航卫星，标志着"北斗"卫星导航系统进入了初步建设阶段。此时，"北斗"系统已经能够提供全球定位、测速和授时等基本服务。

第二步：系统扩建（2000年-2020年）

2000年底，"北斗"系统进入扩建阶段。中国陆续发射了一系列"北斗"卫星，扩大了系统覆盖范围，提高了服务能力。到2018年，"北斗"系统已经具备全球覆盖、开放性、兼容性和互操作性等基本特征，能够提供高精度定位、精准导航、短报文通信、应急救援等多项服务。

第三步：应用拓展（2020年至今）

2020年后，"北斗"系统已应用于智能交通、精准农业、智慧城市、物联网等多个领域，推动了数字经济和智慧社会的发展。"北斗"系统还将参与全球卫星导航系统合作，提升国际影响力和竞争力。

在当今"互联网＋智能"时代，网络沟通了世界，大洋彼岸、大千世界触手可及。小到人民群众生活点滴，大到社会国家建设发展，"北斗"卫星导航系统都用它的方式潜移默化地影响着世界。共享单车依靠"北斗"卫星导航系统的"共享单车电子围栏"技术管理可以高效地进行路线规划、车辆管理，大大降低社会成本；畜牧养殖、水果种植，以至中药生产，都开始利用"北斗"终端进行全过程监控的溯源管理，老百姓关心的食品药品安全问题有望从技术上得以解决；还有"北斗"卫星导航系统免费的全球范围搜救定位服务，也为国际救援贡献了泱泱中华的大国力量……

目前，全世界一半以上的国家都开始使用"北斗"系统。中国的"北斗"系统将会更好地服务全球，造福人类。

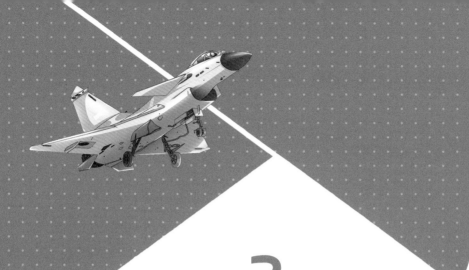

2

军事科技
国防建设

技术封锁之下的战略"神器"：
第一枚地对地近程导弹
"东风 −1 号"

类　别	近程弹道导弹
发射时间	1960 年 11 月 5 日
发射地点	酒泉卫星发射中心
代表人物	钱学森

"东风 −1 号"（DF−1）近程弹道导弹是中国按中苏双方秘密协议，根据苏联 P−1 和 P−2 型导弹仿制的一种近程地对地战术弹道导弹。

1956 年春，中国坚定地踏上了研制导弹、原子弹的漫漫征途。

1956 年 10 月，我国第一个导弹研究机构——国防部第五研究所正式成立，但当时新中国百废待兴，研发尖端武器十分困难。面对我们从未涉足的空白领域，科研人员最初的计划是借助苏联的导弹技术，从仿制起步。1957 年 10 月 15 日，中苏双方签订新技术协定，确定于 1957 年到 1961 年底，由苏联向我方提供导弹的样品和技术资料等。

协定签订后，党中央组建了导弹研究院，以钱学森为代表，包括任新民、屠守锷等在内的一批高水平的科学家很快被集中到导弹研究院，开始实施导弹研究设计、试制生产、勘测靶场和建立特种试验部队的计划。

数以万计的朝鲜归国志愿军、大学毕业生、工人和技术人员，陆续来到一片戈壁滩上安营扎寨。放下了枪支和笔杆，又扛起了镰头和铁锹，他们在沙碛地上支起帐篷、搭起锅台；冒着炎热的高温，顶着扑面的沙尘，打井开荒，展开了一场苦战。经过两年多的苦战，原来空荡荡的大戈壁矗立起星罗棋布的建筑：飞机场、发射阵地、技术区、发电厂、铁路、公路、医院、礼堂、通信等设施，以及大片的部队生活区。导弹试验基地奇迹般地建起来了。

仿制 P-2 导弹的各项工作正按计划紧张进行，导弹已经运抵发射场，一切准备正有条不紊地进行着；苏联政府却在此时突然撤走了在导弹研究院工作的全部专家，一同带走的还有他们掌握的全部技术资料。

"两弹一星"的研制之路是一条"开弓没有回头箭"的奋斗之路。失去了最有力的援助，这让我们不得不调整原有的研究计划。可即便如此，我国研制"两弹一星"的决心没有变，脚步也没有停止。

1960 年 11 月 5 日，中国成功发射了第一枚国产近程导弹——"东风 -1 号"。从这一天起，我国彻底结束了没有导弹的历史。

大国利剑：
"东风"系列
导弹家族

类　别	弹道导弹
地　位	自行研制的地地战略导弹
用　途	作战、威慑
特　点	射程远、精度高、威力大、突防能力强

"东风"系列导弹是我国海、陆、空"三位一体"战略核心力量的重要组成部分，一直作为中国国防力量的坚实根基，是当之无愧的国之重器。目前，除了最新披露的"东风-41"洲际战略核导弹，我国现役的洲际导弹还有"东风-5"和"东风-31"等。

"东风"系列导弹是中国自行研制的地地战略导弹，编号为"DF"，自1960年11月5日成功试射第一枚"东风-1号"（DF-1）弹道导弹至今，中国的"东风"导弹家族获得了长足的发展。

"东风-31AG"洲际弹道导弹

"东风-31"是一型车载发射、固体推进的单弹头洲际弹道导弹。"东风-31"首次公开亮相是在1999年的国庆阅兵仪式上。当三辆搭载导弹发射筒的重型运载车匀速驶过天安门广场，人们第一次亲眼见到中国有一种能在普通公路上机动转移的洲际导弹。"东风-31"导弹长度约16米，最大直径2米，其中第一级和第二级发动机为2米直径固体火箭发动机。导弹搭载了一个500千克的弹头，最大射程约8 000千米。

"东风-41"陆基洲际弹道导弹是中国威力最强的战略武器之一，不仅是我国最先进的洲际导弹，也已跻身全球最先进的导弹行列。"东风-41"集合了现役的"东风-5"和"东风-31"的种种优点，同时具备机动发射、多弹头技术、固体燃料推进、大载荷等众多优势。它的出现弥补了中国洲际弹道导弹在射程和准备时间上的不足，如需参与全球快速核反击，其能力或已具备。

"东风-5B"洲际弹道导弹

自拥有核武器的第一天起，我国就郑重承诺在任何时候、任何情况下都不首先使用核武器，不对无核国家使用或威胁使用核武器，并始终恪守这一承诺。但这并非被动的策略，在不首先使用核武器的前提下，我们还要保持核威慑能力，必须具备对方无法拦截和遏制的核反击能力。有了"东风"系列弹道导弹保驾护航，才能真正确保我们和平、安全的环境。

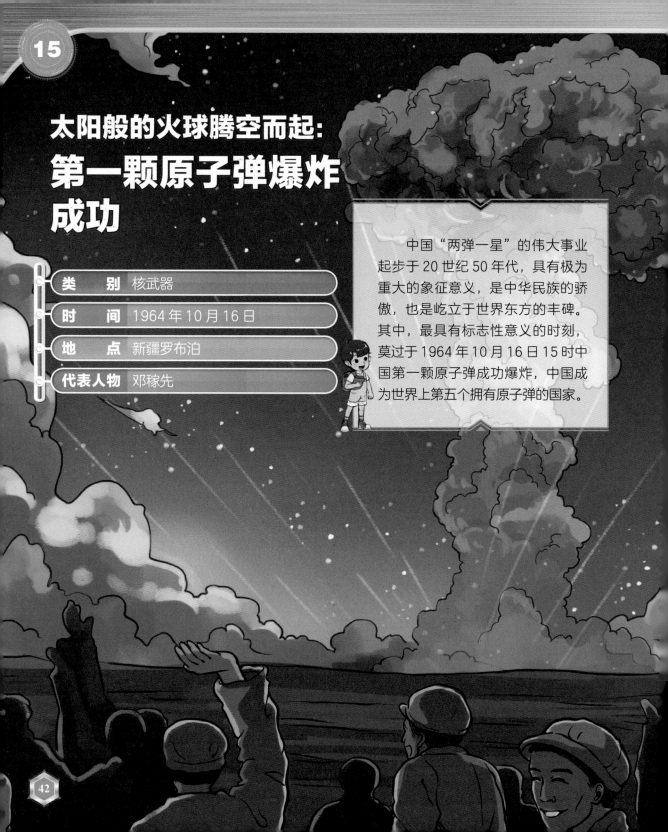

太阳般的火球腾空而起：
第一颗原子弹爆炸成功

类 别	核武器
时 间	1964 年 10 月 16 日
地 点	新疆罗布泊
代表人物	邓稼先

中国"两弹一星"的伟大事业起步于 20 世纪 50 年代，具有极为重大的象征意义，是中华民族的骄傲，也是屹立于世界东方的丰碑。其中，最具有标志性意义的时刻，莫过于 1964 年 10 月 16 日 15 时中国第一颗原子弹成功爆炸，中国成为世界上第五个拥有原子弹的国家。

　　1956 年春，我国坚定地踏上了研制导弹、原子弹的漫漫征途。1958 年 9 月底，苏联援助建设的重水反应堆和回旋加速器正式移交使用。我国从此有了一个综合性的原子能科学技术研究基地。按照中苏协议，苏联答应提供原子弹教学模型和一些技术资料，此时我们迫切需要的正是这些。然而，1959 年 6 月下旬我国却收到了苏方暂缓援助的通知。我国第一颗原子弹工程的代号"596"，正是取自 1959 年 6 月这个特殊的时间。

　　面对国外的技术封锁，我国决定依靠自己的力量研制原子弹，任何时候、任何情况下都不放弃。这以后，我国的原子弹研制工作进入了全面自力更生的新阶段。

　　核弹爆轰试验中，有关理论计算数据的问题是绕不过去的。在国外技术严密封锁的情况下，我们只能摸着石头过河。邓稼先率领理论部仅有的十几人，在一无权威资料、二无实践经验的情况下，进行了大规模的运算。他们夜以继日，依靠人工计算演算出中国原子弹的各项参数。爆炸力学、中子输运、核反应、中子物理……随着这些技术难关被一项项攻克，核试验系统工程发展迅速。1964 年 10 月 16 日，我国成功爆炸第一颗原子弹，东方巨响，震惊世界！

　　中国需要和平，但和平不是乞求来的，需要盾牌来守护。第一颗原子弹的成功爆炸，在根本上铸就了中国保卫国家安全、摆脱帝国主义核讹诈的终极盾牌。

16

"有弹无枪"历史的终结：
首次发射导弹核武器
试验成功

类　　别	核武器
发射时间	1966年10月27日
发射地点	酒泉卫星发射中心
代表人物	钱学森

1966年10月27日，我国第一颗核导弹像一条巨龙，载着核弹头，向千里之外的预定目标飞去。不久，落区报告，导弹精确命中目标，成功实现核爆炸。这是我国在物质技术基础十分薄弱的条件下，通过自力更生、自主创新取得的伟大成就，进一步增强了我国的国防实力。

在我国的国防科技发展史上，有许多令世界震撼的奇迹。第一枚导弹核武器的成功研制就是其中之一。

核武器的基本投放方式有轰炸机、弹道导弹和巡航导弹等。随着核武器的逐步小型化，导弹核武器由于具有高机动性的突出优势，成为核威慑力量的重要组成部分。

早期核武器体积较大，只能被B-29等大型飞机运载和投放，20世纪50年代中期，可由战斗轰炸机搭载的较小型核武器被研制出来。弹道导弹一般在大气层外进行抛物线弹道飞行，通常用于超视距的战斗部投送，由于初始高速和火焰对发射架高温威胁的限制，使得其仅适合在陆地或大型军舰发射，而当时唯一可搭载弹道导弹的军舰是专用的特大型潜艇。

巡航导弹依靠喷气发动机或火箭发动机提供动力，以低空巡航的方式飞行，使用自动导航系统。巡航导弹的射程较弹道导弹要短，且携载能力也要差一些，巡航导弹可从地面基地、潜艇、舰船及飞机上发射。

导弹核武器曾是美国的一张王牌，也是美国和苏联在国防尖端技术上进行激烈较量的主要焦点。为了打破超级大国的核垄断、核讹诈和核威胁，中国决心也要掌握导弹核武器。

其实，我国在研制原子弹的同时，就把下一步的发展目标瞄准了导弹核武器。1964年5月，在我国第一颗原子弹研制成功的前夕，担负我国国防科技领导工作的聂荣臻元帅就召集有关部门负责人和科学家开会，指出原子武器的发展有两条线：一是炸响，然后与导弹结合；二是研制氢弹。同年9月，中央决定启动导弹核武器研制计划。

1966年10月，在科学家的不懈努力下，我国第一枚导弹核武器终于诞生了。从第一颗原子弹爆炸到第一枚导弹核武器诞生，美国用了13年，而中国只用了2年，这标志着我国科学技术和国防力量正快速地向前发展。

17

腾空而起的耀眼蘑菇云：
中国第一颗氢弹
爆炸成功

类 别	核武器
时 间	1967年6月17日
突破点	中国核武器发展的又一个飞跃
代表人物	于敏

1967年6月17日，中华人民共和国成功试爆了330万吨级氢弹。中国从1964年10月16日完成第一颗原子弹试爆后，仅用不到三年时间就成功研制出氢弹，速度之快让许多国家认为这是个奇迹。

从核武器令人胆寒的威力中，我们不难看出，于敏这样的"两弹一星"元勋们对于中国的国防安全作出了多么重大的贡献。如果在当时的困难条件下，没有克服重重困难、抓住历史机遇发展出我国自己的核武器和核威慑力量，之后集中力量进行经济建设也可能无从谈起。

从我国公开的报道资料中，我们可以得知于敏的主要贡献在于他提出了与主流的"T-U 氢弹构型"存在较大差异的"于敏构型"，而这也是世界上仅有的成功试爆的两种氢弹结构。不过一直以来，也有人认为这两种构型实际上是同一种构成方式，属于殊途同归。

由于氢弹相关技术属于涉及国家安全的核心机密，普通人自然无法知晓其中奥秘。甚至世界其他国家官方渠道给出的氢弹技术资料也存在很大的误导性和粗糙性。"于敏构型"的真实结构，其实也从未得到我国官方的披露。

毫无疑问的是，在当时极为艰苦的条件下，老一辈科学家最终实现了氢弹试爆，构筑起真正的大国盾牌。氢弹比普通核武器威力更大、杀伤范围更广。中国研发氢弹，可以提升国家核威慑力，使潜在对手对中国的核武器产生更大的忌惮和顾虑，从而有效维护国家安全和领土完整，保障国家权益。同时氢弹技术的研发和掌握，能够提升中国的核威慑能力，提高中国在国际谈判中的地位。此外，氢弹研发还可以加强中国在核领域的技术实力和科研水平，提升国家的科技创新能力。

18

一万年太久，只争朝夕：
第一艘核潜艇下水

时　间	1970 年 12 月 26 日
地　位	首艘自主研发的核潜艇
代表人物	黄旭华
部署位置	中国人民解放军海军北海舰队

091 型核潜艇是我国自行设计建造的第一代核潜艇，1970 年起陆续建成服役。它的诞生要追溯到"两弹一星"工程时代。

20 世纪 50 年代末，在苏联潜艇技术的基础上，中国常规动力潜艇的研发技术日趋成熟，中央决定下一步便是自主研发设计核潜艇。当时中苏关系已然恶化，以美国为首的西方国家对于崛起的新中国也持封锁态度，想要研发核潜艇，就只能依靠我们中国人自己。

1958 年，我国启动核潜艇研制工程，一批人挑起开拓核潜艇事业的重任。"中国核潜艇之父"黄旭华便是其中之一。

当时国内经济、工业基础薄弱，又遭受外国势力的技术封锁，没有任何参考资料，甚至连计算机都没有。在如此恶劣的条件下，黄旭华带领开发团队，仅靠算盘和计算尺，自主研发，设计制造出数千吨的中国首艘核潜艇——"长征 1 号" 091 型攻击核潜艇。该艇于 1970 年 12 月 26 日下水。1988 年，我国核潜艇水下发射运载火箭成功，标志着中国的国防能力又跃升到一个新水平。中国自此成为世界上第五个拥有核潜艇水下发射运载火箭技术的国家。

我国作为一个发展中国家，完全依靠自己的能力，独立自主地研发出核潜艇，这本身就是一个奇迹，它大大提高了我国的国防实力、科技实力和国际威望。一代代潜艇科研人员为中国核潜艇的研发付出了青春与生命，近年来经过不懈的努力，中国核潜艇不断采用最先进技术，发展为具备在全球大洋发射导弹能力的"深海蛟龙"。

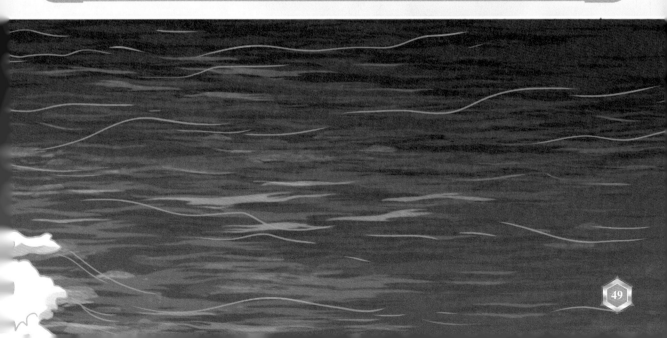

19

第一代主战坦克：
69 式坦克

类　　别	中型主战坦克
定型时间	1974 年 3 月 26 日
突 破 点	中国首次独立设计、研制
出口国家	伊拉克、巴基斯坦等

69 式坦克研制于新中国经济发展的相对困难时期，是我国第一款自主研制的主战坦克，为我国陆军装甲载具的自主发展打下了关键的基础，同时，也为中国培养了一批坦克设计人才。

69 式坦克是我国在 59 式坦克基础上改进设计的中型坦克。它的研发从 1965 年开始，直至 1974 年宣告成功。

20 世纪 60 年代初中苏交恶后，苏联撤回在我国武器工厂的所有技术人员，这对基础薄弱的中国坦克工业造成很大困难，导致中国主战坦克的研制在之后的 20 年间都呈现发展缓慢的状态。

1963 年，国营 617 厂（内蒙古第一机械集团前身）接手研制 59 式坦克的改进项目，这就是"69 式坦克计划"。

1965 年，五机部正式确定新型坦克战技性能及总体设计方案，并下达了研制任务。1966 年，617 厂试制出首台样车。但之后，由于一些不可控的原因，新坦克研制工作进展缓慢。

1969 年，解放军缴获了一辆被反坦克地雷击断履带的苏制 T-62 主战坦克，这件宝贵的"战利品"为中国坦克研发作出了不小的贡献。但 69 式主战坦克绝非简单模仿 T-62 坦克，而是在部分装备技术方面作了一定的借鉴，如红外线探照灯系统等。

69 式坦克在火力、防护、机动性能上比 59 式有所提高，但不少关键技术还落后于世界主流水平，所以研发定型后并没有进行大批量生产。但在 69 式基础上进行改型的 69 - II 式因为定价远比欧美和苏联坦克低，在国际军火市场很受欢迎，被大批量出口到伊拉克、孟加拉国和巴基斯坦等国。

尽管不算完美，但 69 式中型坦克的研制还是具有划时代意义的——它为我国以后的坦克研制和发展奠定了坚实的基础，同时也标志着我国的坦克工业已走上了自行设计、研制的道路。

20

海上多面手：
中华神盾舰系列

类　　别	驱逐舰
用　　途	捍卫领海，打击海、空、陆上目标
启动时间	1984 年
建造单位	江南造船（集团）有限责任公司

1984 年，我国开始启动 052 型驱逐舰的建造计划。凭借着改革开放初期较为宽松的国际环境，海军把握时机加紧引进了西方国家的先进技术。可就在 1994 年 052 型首舰 112 "哈尔滨号"、1996 年 2 号舰 113 "青岛号"加入北海舰队后，西方国家开始对我国进行技术封锁。我国在引进苏系舰艇先进技术和消化吸收中开始了新一轮艰难的驱逐舰现代化之路。

我国首艘 052D 型驱逐舰"昆明号"于 2012 年 8 月 28 日下水，2014 年 3 月 21 日正式加入中国人民解放军海军战斗序列。作为我国自行研制设计生产的新一代导弹驱逐舰，"昆明号"针对 052C 型舰存在的不足做了多项改进：首先是采用了新型的相控阵雷达；其次是装备了单管 130 毫米大口径舰炮；垂发单元也增加到 64 个并实现了防空、反潜、反舰、对陆攻击巡航导弹的共架垂直发射，极大地提高了综合作战能力；另外，近防武器方面，用 24 联装的 HQ-10 短程防空导弹来替换 730 炮，有效提高了末端防空能力。

052D 型驱逐舰"昆明号"

055 型驱逐舰是中国海军最新型的导弹驱逐舰，能够执行防空、反舰反潜、对陆攻击等多项任务，不亚于美军的"朱姆瓦尔特"级，是航母"御前第一带刀侍卫"的不二之选。055 型驱逐舰是中国船舶重工集团 701 研究所设计、江南造船厂与大连造船厂共同承建的、装备新型有源相控阵雷达的新型舰队防空驱逐舰，其建造成功开创了中国海军主战舰艇的新纪元。它采用隐身一体化设计，是世界上第一艘真正采用综合射频系统的驱逐舰，舰桥上布置着 X 波和 S 波双波段雷达、双机库，携带的 112 个模块化垂直导弹发射单元远优于美军的 DDG-1000 驱逐舰。其空载排水量约为 9 500 吨到 10 000 吨，标准排水量 11 000 吨，满载排水量 12 500 吨左右。

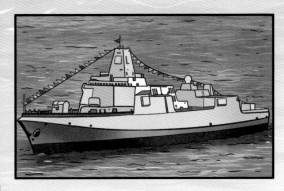

055 型驱逐舰

近年来，国产航母和 055 型驱逐舰相继下水，成为保卫国家海上方向安全、领海主权和维护海洋权益的利器。这些进步展现的正是中国渴望和平发展的愿望，以及为确保自身安全所作的积极、稳健的努力。

21

空中"猛龙"，龙腾东方：
歼-10 首飞

类　　别	第四代战斗机
首飞时间	1998 年 3 月 23 日
突 破 点	采用鸭式气动布局
研制单位	成都飞机工业（集团）有限责任公司

2018 年珠海航展，一架装备了国产大推力矢量发动机的歼-10B 战机亮相，并执行了飞行表演。截至 2020 年，已有至少 468 架歼-10 战机装备于中国人民解放军中，堪称是守护祖国蓝天的中坚卫士。

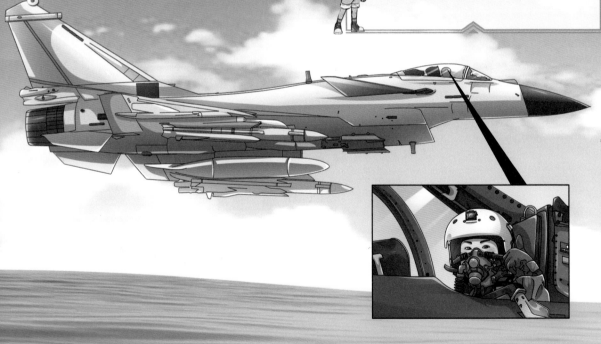

歼-10 战机，官方代号"猛龙"，是成都飞机工业（集团）有限责任公司为中国人民解放军空军研制、生产的单引擎、全天候、多功能中型第四代战斗机，采用鸭式气动布局。

歼-10 战机于 1986 年开始研制，成都飞机设计研究所担纲设计，成都飞机工业（集团）有限责任公司负责制造，项目名称为"10 号工程"。

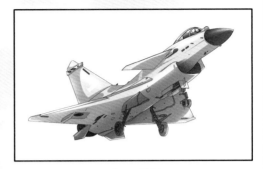

歼-10 战机

成都飞机设计研究所利用歼-9 战机研究过程中积累的成果，对歼-10 气动布局进行了大量的实验和摸索，对鸭翼布局的理解达到了世界上首屈一指的高度。歼-10 战机的 01 号原型机于 1994 年开始建造，并于 1998 年 3 月 23 日完成首飞，当时使用了俄制 AL-31F 发动机。如今这架功勋战机已在位于北京小汤山的中国航空博物馆展出，同时还以图文展板的形式披露了歼-10 的性能。

小幅修改后的最终量产采用型号歼-10A，之后在其基础上稳扎稳打地研发了歼-10B、歼-10C 和歼-10S 等，一再突破机体较小、潜力低的瓶颈。

歼-10 战机采用三角翼加三角鸭翼的近距耦合鸭式气动布局，主翼为三角中单翼，采用机动前缘襟翼。机身上有气泡式驾驶员座舱，机身向后自然过渡，机翼与机身之间平滑过渡，后机身为发动机舱，采用单垂直尾翼以及两片向外侧倾斜、面积较小的腹鳍。歼-10 战机是中国制造中首次大量采用复合材料的战斗机。机头设备舱两侧、鸭翼、襟副翼、垂直尾翼、腹鳍、发动机尾喷口均使用复合材料制造。同时，歼-10 战机也是中国空军继歼-8D 战机后第二种拥有空中加油能力的战斗机。

首批次服役的歼-10 战机使用俄制 AL-31FN 涡轮风扇发动机，这种发动机是 AL-31F 发动机的改进型。之后，国产涡扇-10 发动机经过改进，投入批量生产，后续生产的歼-10 逐步换装涡扇-10B 发动机。

歼-10 战机的研制成功，使我军具有了与外国现役先进战斗机抗衡的能力，实现了我国航空武器装备的历史跨越。

22

"飞鲨"出鞘，斗破苍穹：
歼-15 原型机完成着舰起飞测试

类　　别	第四代战斗机
测试时间	2012 年 11 月 23 日
突 破 点	发展了多个型号
研制单位	沈阳飞机设计研究所 沈阳飞机工业（集团）有限公司

　　2012年11月23日，首架歼-15原型机在"辽宁舰"上进行起飞测试和着舰测试，并取得成功。歼-15的改进型号已经于 2019 年起部署在中国首艘国产航空母舰——"山东舰"上，中国战斗机实现了从陆地向海洋的跨越。从这一天起，中国海上没有舰载机的时代成为历史。

歼-15，又被誉为"飞鲨"，是一款 30 吨级重型舰载型第四代战斗机，以 Su-33 原型机 T-10K-3 号机作为参考研发定型而成，同时由沈阳飞机工业（集团）有限公司以歼-11B 战斗机的生产为基础制造，是中国海军的第一代舰载机。

歼-15 发展了歼-15S、歼-15B 和歼-15D 等多个型号。其中的歼-15S 为串列双座型号，有训练和战斗等多种用途。该机原型机使用涡扇-10 发动机。2014 年 1 月，歼-15S 舰载战斗机挂载"伙伴加油吊舱"，进行"伙伴加油"训练。所谓"伙伴加油"，即同型机加油，能大大增加"飞鲨"的载弹量，并延伸其作战半径。

歼-15B 于 2020 年公布，有可能将与 003 型航空母舰一同列装。该型机体换装了国产涡扇-10 引擎，采用向量喷嘴技术，不同之处在于机头部分安装了弹射器连杆，能够在蒸汽弹射器和电磁弹射器上进行弹射起飞。结构与材料部分的补强以及弹射起飞弹药量的提升，都极大增加了战机作战效能和安全系数。

歼-15 战机

歼-15D 是在歼-15S 双座型基础上研制的电子战攻击机，为了适应机载电子战，系统进行了设计上的改动，去除机头部分的 OLS-27 红外搜索和跟踪装置，拆掉 30 毫米航炮和空速管，并用有源电子扫描阵列雷达替换了机械扫描雷达。

歼-15 舰载机的研制是一项开疆拓土的伟大工程，新技术多，探索性强，风险性高，跨领域协作深度和广度前所未有。

十年来，歼-15 系列作战能力越来越强，作为捍卫国家主权和保卫世界和平的国之重器，它向世界宣告：中国的核心利益不容挑战，中华民族的尊严不容亵渎，中国每一寸神圣国土都不容许任何人侵犯。

23

列装的五代机：
歼-20

2018年2月9日，中国空军公布一则重磅消息："歼-20"开始正式列装作战部队。这意味着仅仅用了6年，歼-20就已经完成了研制、试飞、试训阶段，开始真正具备实际作战能力，标志着中国空军正式迈入五代机时代。歼-20作为世界第三种正式服役的五代机，也是中国第一种五代机，代表了中国空军最高技术水平的先进战斗机，官方的正式绰号"威龙"。

类　别	第五代战斗机
特　点	性能优良、机动灵活、火力强大
用　途	保护己方制空权、摧毁敌方使用制空权的能力
研制单位	中国航空工业集团有限公司

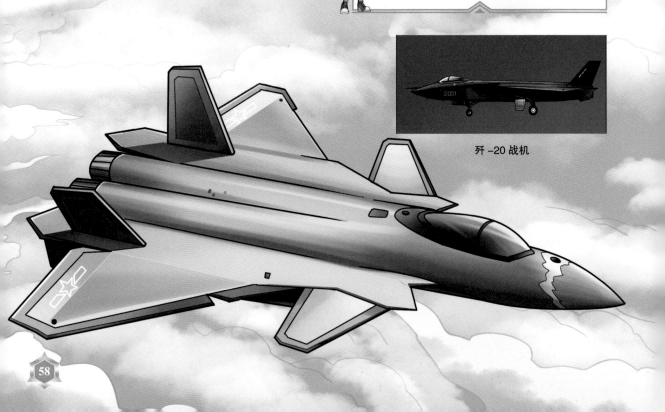

歼-20战机

在 1997 年美国战斗机 F-22"猛禽"首飞的同年，歼-20 正式立项，到 2017 年 3 月 9 日，中央电视台报道第五代战机歼-20 已正式进入空军序列，前后历经 20 年。歼-20 是在现有技术基础上的集成创新，是优选各种成熟技术、根据性能要求进行取舍的产物，是中国航空在各个领域全面技术提升的结果。2021 年 9 月 28 日，又传出了好消息：歼-20 换装国产发动机在第十三届中国航展首次对外公开亮相。拥有中国"心"的歼-20 必将担任起维护国家主权、守卫国土安全和领土完整的使命。

与之前我国大多数的战机不同，歼-20 的机身呈现出如丝绸般细腻光滑的表面，在深蓝灰色（不同的光照和角度下视觉看到的颜色有差别）的隐身涂料遮掩下，机身的铆钉、开口和边缘几乎看不到。极致的外形和表面，被网友们称为"黑丝带"，说明我国第五代战机的制造工艺和隐身涂层敷达到了极高的水准。

除了使用隐形涂装材料，歼-20 还使用了特殊碳纤维增强的复合材料和多晶金属纤维吸波材料，既能达到涡流损耗和磁滞损耗的吸波效果，也有较强的电损耗吸收性能，比传统的金属超细粉末吸波材料轻 50% 以上。即便如此，歼-20 优先考虑的是迎风面隐身，这是因为歼-20 在定位中更多的是防御而非侵袭，更注重战机在对抗过程中的反侦测能力，不被敌机雷达锁定。实战表明，战斗机最大的威胁方向是机头左右正负 30 度的位置，所以歼-20 在设计上将大量正对面的雷达波反射至其他威胁较小的方向，而为了保证气动性能结构简单可靠、性价比高，尾部等位置并没有过多的隐身措施。

歼-20 的总体气动设计偏向于米高扬设计局的一个理念——超音速超机动能力，气动布局为鸭式布局。同时，歼-20 采用了双腹鳍设计，一方面，在超音速飞行时能够增大航向的稳定性，避免由于稳定性的急剧减小而造成飞机失控；另一方面，在大仰角机动飞行时，下部的气流还保持稳定，这时腹鳍不仅能够提供足够大的航向稳定性，防止机头向一边侧滑而进入尾旋，而且可控的安定面可以使飞机在失速仰角状态下仍保待机动能力。再加上歼-20 已经有很先进很成熟的电控系统可以应用，大量的电子和数字控制舵面就是为了在失速仰角能够有效地控制飞机，实现真正的大仰角机动，而如此庞杂的过程在气动舵面是不可想象的。正是这些积累的飞控技术弥补了鸭式布局在操控稳定性上的缺陷，独特的布局极大地改善了飞机的气动特性。

如今的歼-20 身心合一、内外兼修、神形兼备，成为我国完全意义上的自主知识产权第五代隐身战斗机。

24

"鲲鹏"展翅，高飞远航：
运-20 首飞

类　　别	新一代军用大型多用途运输机
首飞时间	2013 年 1 月 26 日
突 破 点	动力系统
研制单位	中国航空工业集团公司第一飞机设计研究院 西安飞机工业（集团）有限责任公司

2013 年 1 月 26 日，由中国航空工业集团公司第一飞机设计研究院设计，西安飞机工业集团为主制造的新一代战略军用大型运输机——运-20 首飞成功。它浑圆的造型也让它得到了"胖妞"的爱称。

运-20采用常规布局，机翼为悬臂式上单翼，主翼为大展弦比、中等后掠翼，还参考了美国C-17运输机（也称"环球霸王Ⅲ"）的部分设计，如垂直尾翼、超临界机翼，所以体积更大，货舱容积320立方米，超过伊尔-76运输机三分之一，以适应新时期大量出现的超宽、超高货物，运载能力更强，电子设备也十分先进。

运-20的研制，突破了数百项关键技术，标志着中国跻身世界大飞机制造国行列。作为大型多用途运输机，它具有航程远、载重大、飞行速度快、巡航高度高、低速性能佳等特点。运-20的诞生，对推进我国经济和国防现代化建设具有重要意义。

首先，它提升了我国的军事运输和物流能力。作为一款大型运输机，运-20可以承载大量的人员、物资和装备，这对于提升国家的应急救援、灾害救援、国防建设和经济发展等方面都具有重要的意义。

涡扇-20发动机

其次，它增强了国家的战略投送能力。运-20可以承载大量的装备和部队，这对于增强国家的军事威慑力、提高国家的战略应对能力、维护国家安全和利益等方面都具有重要的意义。而且，它还极大地推动了中国航空工业的发展。运-20是中国自主研发的大型运输机，其研发和生产过程涉及了众多国内企业和研究机构，推动了中国航空工业的技术进步和产业升级。

最后，运-20提高了中国在国际航空市场的竞争力。随着中国国内经济和科技水平的提高，中国在国际航空市场上的竞争力也在逐步提升。运-20的诞生，可以进一步提高中国在国际航空市场的话语权和地位。

从理论创造到工业设计，从材料制造到精密加工，我国科研人员面临着巨大的困难，尤其是在发动机领域我们的技术沉淀还不够。但未来已经招手，专为运-20研制的涡扇-20发动机不仅填补了我国航空发动机领域的一项重要空白，更是我国航空发动机发展道路上具有里程碑意义的一件大事。

25

空中指挥所：
预警机系列

类　　别	空中指挥预警飞机
用　　途	搜索、监视空中或海上目标
突 破 点	世界首型采用数位阵列雷达技术
研制单位	中国航空工业集团有限公司

　　预警机是现代战争中的中枢和大脑，毫不夸张地说，海、陆、空三军都缺不了预警机的情报指引。2009 年 10 月 1 日，空警 –2000 预警机飞过天安门广场，盛装亮相中华人民共和国 60 周年国庆阅兵式，它的问世填补了中国人民解放军装备预警机的空白。

预警机是一种特殊的航空器，其主要任务是在战争或紧急情况下，为作战指挥和侦察提供实时的监视和预警信息。预警机通常搭载先进的雷达、电子侦察和通信设备，可以实时监视空中、地面和海洋上的目标，并提供有关目标的位置、速度、高度、识别等关键信息。这些信息可以帮助指挥员在第一时间做出反应，采取有效的措施进行防御或打击。

空警-2000 预警机

空警-2000 是中国基于伊尔-76 运输机为机载平台发展而来的预警机，装备有源电子扫描阵列雷达。机身上方的圆盘形雷达罩内装置了三块固定的有源电子扫描阵列，分别面向前方、左后方以及右后方，有效探测距离达到 470 千米。此外，机首下部装有一台负责对地搜索的多普勒雷达，有助于空警-2000 在海上巡逻时搜索敌方水面舰只和监视敌方行动，甚至能够透过数据链为海军舰艇提供敌情与引导反舰导弹。这两组雷达配搭之下，空警-2000 成为同时具备对空对地搜索能力的预警机。

2015 年 9 月 3 日，空警-500 在纪念中国人民抗日战争暨世界反法西斯战争胜利 70 周年阅兵式上作为空中编队预警机梯队首机首次公开出现。空警-500 是中国人民解放军空军装备的第三代预警机，是世界上首型采用数字阵列雷达技术的预警机。空警-500 的机载预警雷达重量、雷达天线口径小于同时代大型预警雷达，但情报处理能力、抗干扰能力有大幅提升。

空警-500 预警机基于运-8、运-9 这类中型运输机为机载平台，与解放军空军第二代大型预警机空警-2000 相比，其吨位较小，起飞距离短，对机场规格的要求低，具有更为适应局部冲突和小型战争的特点，可部署到更多地区，且平台不受出口限制。

如果说空警-2000 的诞生，让中国成为为数不多掌握预警机技术的国家，那空警-500 的横空出世，更让中国成为极少数拥有独立研发、装备多型号预警机的国家之一。

预警机的使用可以提高作战效率和保障军事安全，对于指挥和战术决策有着重要的作用。同时，预警机的应用也扩大到了民用领域，在气象预警、海上监测等方面发挥着越来越重要的作用。

26

察打一体：
军用无人机

类　　别	无人机
用　　途	情报侦察、军事打击、信息对抗等
特　　点	高速、高机动、高隐身性
研制单位	中国航空工业集团有限公司

随着人类社会的进步和科技的发展，战争的形式也随之发生了变化。现代战争已经不再是人类之间的传统决斗，而是通过先进的科技手段进行。在现代战争中，无人机逐渐成为未来空中战场的主角。与此同时，在军用无人机领域，中国已经走在了世界前列。

"利剑"无人机

"翼龙"无人机

中国作为一个历史悠久的东方大国，经过经济快速增长，工业水平得到了极大的发展。特别是微电子技术更是实现了跨越式的发展，为我们的航空工业的突破提供了极大的助力。

"彩虹-5"无人机

在 21 世纪第二个十年，我国在军用无人机领域取得了巨大突破。作为歼-10战机的主研发单位，成都飞机工业（集团）有限责任公司（简称成飞）在数十年间积累了大量的飞机制造经验，从而率先研制出一种中低空、军民两用、长航时、多用途无人机，即"翼龙"。这款无人机实现了察打一体，成为中国无人机制造领域的"当家明星"。除了相应的军事用途，它在民用方面也具有良好的市场前景，如承担森林防火、气象勘测、海洋测绘、地质勘探等任务，称得上"文能提笔安天下，武能上马定乾坤"。

之后，中国航空工业的各个研发团队井喷式地成功研发了一批无人机，其中包括"彩虹-3""翔龙""天翅"等无人机。这些无人机纷纷下线试飞，一时间好像无人机成了随处可见的装备。先发制人的成飞和中国航天空气动力技术研究院更是在此基础上发展更新了"翼龙Ⅱ"和"彩虹-4""彩虹-5"无人机。

与此同时，沈阳飞机工业（集团）有限公司（简称沈飞）则拿出了极为先进的"利剑"无人机。"利剑"无人机的研发于 2009 年启动，经过 3 年试制，于 2012 年 12 月 13 日总装下线，随后进行了密集的地面测试。2013 年 11 月 21 日，"利剑"隐身无人攻击机成功完成首飞。

"利剑"无人攻击机在隐形技术、气动布局、飞控系统、自主导航和任务控制系统以及发动机系统等多方面均取得了极大突破。尤其在动力系统上，不同于"翼龙""彩虹"系列无人机使用的螺旋桨发动机，"利剑"的发动机是现役三四代战斗机采用的涡扇发动机，最大起飞重量可达 10 吨，载弹量远超"彩虹"无人机的几百千克，其体量达到了载人战斗机的水平。

27

坦克的克星:
武装直升机系列

类　　别	军用直升机
用　　途	攻击坦克、支援登陆作战
特　　点	速度快、反应灵活、隐蔽性好
研制单位	中国航空工业集团有限公司

　　武装直升机是装备了航空武器的军用直升机,按其用途可分为攻击型直升机、武装运输型直升机以及侦察型直升机。其中,攻击型直升机是一种专门用于攻击地面(或低空)的直升机,具备有限的防卫能力,狭义上的"武装直升机"即指此类。

相比运输型直升机，武装直升机机身较小，如 AH-64 阿帕奇、中国的武直-10 和武直-19 等。

在 2012 年 11 月举行的第九届珠海航展上，中国航空工业集团有限公司在电视新闻发布会上公布了武直-10 和武直-19 的正式名称。这两款攻击直升机均以中国四大名著之一 ——《水浒传》中的人物命名。武直-10 命名为"霹雳火"，即秦明的昵称；武直-19 命名为"黑旋风"，是李逵的昵称。

武直-10 是一款由中国航空工业集团直升机设计研究所设计、昌河飞机工业公司制造的中型武装直升机。武直-10 的主要任务是为战场提供火力支持，其拥有多个挂点和复式挂架，可挂机枪、机炮、火箭弹、反坦克导弹、空空导弹等各类武器；此外，武直-10 采用了一定的隐身设计，具有较小的雷达散射截面。该机具备全天候、全时域、信息化、超低空多机多目标协同作战，对地对空精确打击的能力。

2009 年，武直-10 首次被交付中国人民解放军，进入批量生产阶段。武直-10 座舱为串联式双座布局，前、后舱分别负责操纵直升机和武装系统。作为中型武直，其最大内油航程达到了 1 120 千米，作战半径超过 450 千米。武直-10 的服役，结束了中国人民解放军陆军航空兵长期依赖直升机改型兼当武装直升机的历史，显著提高了解放军陆航突击与反装甲能力。

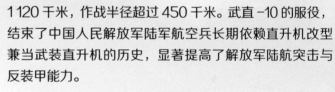

武直-19 是我国的一款轻型侦察、攻击直升机，由哈尔滨飞机制造公司为中国人民解放军空军和陆军航空兵所研制，是武直-9 的武装改型。武直-19 相对武直-10 更加轻型，造价也更低廉，可与武直-10 形成梯次搭配，共同构成陆航部队对地攻击、对空攻击、火力支援的核心力量。

28

首艘国产航母：
"山东号"航空母舰

类　别	海军舰船
重 要 性	提高中国海军近海攻击潜力
突 破 点	我国完全自主设计建造
建造单位	大连造船厂

航空母舰被视为一个国家综合实力的象征，同时也被称为全球最复杂的武器装备。2019年12月17日，中国第一艘完全自主研发制造的国产航母在海南三亚交付中国海军，它被命名为"中国人民解放军海军山东舰"，舷号为"17"。

中国真正意义上的第一艘国产航空母舰"山东号"是基于对苏联"库兹涅佐夫号"航空母舰、中国第一艘服役的航空母舰"辽宁舰"的研究，由中国自行改进研发而成的。

2017年4月26日，"山东号"举行了下水仪式。首艘国产航母从开建到下水仅仅用了五年多的时间，这也被国外媒体称为全世界绝无仅有的"中国速度"。5月13日，它又出海接受海洋环境下的测试，集中检验了船舶动力系统的可靠性和稳定性，对蒸汽轮机以及传动装置等设备的运转情况进行了全面测试，达到了预期目的。

"山东号"航空母舰的每一个部件都是中国制造。航母建造是一个巨大、复杂的系统性工程，需要数以千万计的零部件。"山东号"建设期间，每天都有3 000多人上船工作，高峰时期有5 000多人，这些人来自不同的厂家、院所，来自全国各地。山东舰的交付意味着我国正式掌握了现代航母建造技术。

虽然我国的航母建设起步晚，但是扎实的脚步从未停歇，国产航母必将承载着人民海军的梦想走向更远的深蓝。2022年6月17日，我国第三艘航空母舰下水，命名"福建号"。2024年5月1日，"福建号"赴相关海域开展首次航行试验。

3

交通运输
工程地质

29

万里长江第一桥：
武汉长江大桥

类　别	特大桥、公铁两用桥
建成时间	1957 年 9 月
通车时间	1957 年 10 月
突破点	采用管柱钻孔法

武汉长江大桥花费 2 年零 1 个月建成，比设计建造时间提前了两年。从 1955 年起，这座倾全国之力的大桥开始施工，1957 年 3 月，江心桥墩工程全部完成。至 1957 年 9 月，大桥工程全部竣工。1957 年 10 月，经国家验收委员会验收，武汉长江大桥交付使用。

武汉长江大桥的建设构想从 20 世纪初就开始了，1906 年，京汉铁路全线通车；1912 年，时任汉粤川铁路会办兼总工程师的詹天佑，便构思建桥跨越长江、汉水，连接京汉、粤汉两路，并于次年进行了武汉长江大桥的首次实际规划，但当时时局混乱，武汉长江大桥的计划第一次搁浅了。

1921 年，北洋政府交通部聘请美国桥梁专家约翰·华德尔为顾问，请其设计武汉长江大桥。华德尔选择的桥址与 1912 年我们所拟位置大致相同，但由于建设费用庞大，计划第二次搁浅。

1949 年 10 月，中华人民共和国成立，修建武汉长江大桥的计划终于从可能变为现实。1955 年，国家成立武汉长江大桥技术顾问委员会，著名桥梁专家茅以升担任主任委员一职。苏联政府派遣了以著名桥梁专家康斯坦丁·谢尔盖耶维奇·西林为组长的专家工作组一行 28 人来华，在他们的技术援助下，武汉长江大桥的修建放弃了传统的气压沉箱法施工，改用了当时苏联也未实践过的管柱钻孔法。

武汉长江大桥虽与当时世界顶尖大桥的水平仍有一定的差距，但开启了中国自力更生建设大型桥梁的新纪元。武汉长江大桥建成后吸引了 100 多位国家元首前来一睹风采。凭借征服天堑的气势和看齐世界先进技术的决心，武汉长江大桥成为中国劳动人民集体力量的象征，是当之无愧的"争气桥"。

30

新的"世界七大奇迹"之一：
港珠澳大桥

类　别	特大桥、公路桥
通车时间	2018 年 10 月 23 日
总长度	约 55 千米
突破点	采用高性能防腐涂层和阴极保护联合防护；深埋沉管隧道

　　2018 年 10 月 23 日，目前全球最长跨海大桥——港珠澳大桥正式开通，连接了珠海、香港、澳门三地，使得香港到珠海、澳门的通行时间从 3 个多小时缩短到半个小时。

港珠澳大桥全长约 55 千米，主体工程"海中桥隧"长度约为 30 千米，其中包括近 7 千米的海底隧道。除去隧道部分的海中桥梁长度约为 23 千米，它由近 1500 根钢管复合桩支撑，钢管桩的总重量达到了 96 000 吨。

　　钢管桩是按照几个为一组的方式深埋于海泥中，然后在其上浇注混凝土桥墩，最后铺设桥面。由于大桥本身庞大而且需要满足 120 年的设计寿命，因此钢管桩的尺寸达到了世界顶尖水平，每根钢管桩的外径在 2 到 2.5 米左右，最长达到 75 米，单根自重可达 110 吨。

　　由于钢管桩深埋在水面下数十米的桥梁根基位置，在 120 年的全寿命周期中无法更换且维护困难，因此最大的威胁就是腐蚀。为了保证钢管桩的可靠性，在中科院金属所科研人员的指导下，港珠澳大桥最终采用了高性能防腐涂层和阴极保护的联合防护方法。在钢管桩 120 年的设计寿命中，前 70 年将采用高性能涂层防护为主、牺牲阳极式阴极保护为辅的联合防护进行腐蚀抑制，后 50 年则以牺牲阳极保护和钢管预留腐蚀余量为主、高性能涂层防护为辅的联合防护方式保证耐久性。通过这种联合防护方式，钢管桩的服役可靠性得以保证。

　　港珠澳大桥无论工程规模、技术难度和投资大小都创造了新纪录。港珠澳大桥建成后，成为目前世界最长的跨海连线工程，而港珠澳大桥的海底沉管隧道被公认为当今世界上最具挑战性的工程。

31

世界石油开发史的奇迹：
大庆油田

类　别	特大型砂岩油田
开发时间	1960 年初
地　位	世界十大油田之一
用　途	解决中国石油自给问题

大庆油田于 1960 年投入开发建设，由萨尔图、杏树岗、喇嘛甸、朝阳沟等 48 个规模不等的油气田组成，面积约 6 000 平方千米，勘探范围主要包括东北和西北两大探区，共计 14 个盆地。

大庆油田，位于黑龙江省大庆市，发现于1959年9月26日。它的年产量为4000万至5000万吨，是中国第一大油田，同时也是世界十大油田之一。

1959年9月26日上午，在黑龙江省肇州县大同镇附近，地质部松辽石油勘察的"松基三井"钻出了工业油源。因为恰逢中华人民共和国成立十周年，为了纪念这个日子，松基三井所在的大同镇改名为大庆区。松辽盆地发现的油田被命名为"大庆油田"。从此，"大庆"这个响亮的名字成了中国石油发展史上不可磨灭的印记。

1960年初，中共中央批准石油部申请，调集全国数万名石油职工以及急需的3万新增劳动力会师大庆，展开了"大庆石油会战"。大庆石油会战基本解决了中国石油自给的问题。

从1976年至2002年，大庆油田连续27年稳产5000万吨后，又连续12年稳产超过4000万吨（2003年至2014年）。2023年，据大庆油田统计，大庆油田累计生产原油突破25亿吨，占全国陆上原油产量的36%。

大庆油田的发现，为新中国困难时期的工业建设提供了巨大的支援，创造了难以估量的价值。时至今日，它仍然是中国重要的石油产地之一。目前，大庆油田主要由中国石油天然气集团公司的全资子公司——大庆油田有限责任公司负责油气勘探、开采、储运。

32

揭开极地的神秘面纱：
南北极科学考察站

类　　别	科学实验基地
最早建成时间	1985 年 2 月 20 日
数　　量	南极 5 座、北极 2 座
用　　途	探索地理、气象、生物等

南北极生存条件恶劣、人迹罕至，但各国科学家们为了研究地理、气象以及生物等领域的相关课题，经常会驻守在南北极。我国科学家很早以前就开始在南北极进行科考活动，而科考站就是他们在南北极最为可靠的家园。目前，我国已经拥有 5 座南极科考站和 2 座北极科考站。

长城站，是中国在南极建立的第一个科学考察站，位于南极洲西南、乔治王岛南部，不在南极圈内。站区南北长 2 千米，东西宽 1.26 千米，占地面积 2.52 平方千米，平均海拔高度 10 米。该地距离北京 17 502 千米。长城站于 1985 年 2 月 20 日上午举行落成典礼，正式开站。

中山站，是中国在南极建立的第二个科学考察站，于 1989 年 2 月 26 日建成。该站地处南极大陆东部伊丽莎白公主地拉斯曼丘陵的维斯托登半岛上，所在位置距离北京约 12 553 千米，平均海拔高度 11 米。

昆仑站，是中国第一座、世界第六座南极内陆科考站，是中国极地研究中心在南极建立的第三个科学考察站，也是人类在南极地区建立的海拔最高的科考站。昆仑站于 2009 年 1 月 27 日顺利建成，位于南极大陆内部冰穹 A 最高点西南方向约 7.3 千米处，高程 4 087 米。

泰山站，是中国在南极建立的第四个科学考察站，于 2014 年 2 月 8 日正式竣工并开站运行。泰山站为南极内陆考察度夏站，位于中山站与昆仑站之间的伊丽莎白公主地，距离中山站 520 千米，海拔高度约 2 621 米。站房主建筑面积 410 平方米，辅助建筑面积 590 平方米，可容纳 20 人进行冰川学、极区空间物理学等相关的科学考察及生活。

秦岭站，位于罗斯海恩克斯堡岛，是我国在南极的第五个考察站，于 2024 年 2 月 7 日开站。秦岭站独特的地理位置能够带来差异化的科考价值，将在我国南极科考中发挥重大作用。

中国北极黄河站，简称黄河站，是我国在北极建立的第一个科学考察站。黄河站建立于 2004 年 7 月 28 日，位于北纬 78°55′，东经 11°56′ 的挪威斯瓦尔巴群岛的新奥尔松。该站使得中国成为世界上第 8 个拥有北极科考站的国家。

中-冰北极科学考察站是由中国和冰岛共同筹建的，成立于 2018 年 10 月 18 日，是我国在北极地区除黄河站之外又一个综合研究基地，标志着中国极地考察能力又迈上一个新台阶。

这些极地科考站是中国和世界科学家研究极地科学的良好平台。

33

"人间天河"：
南水北调工程

类　　别	补充北方水源的工程
开工时间	2002 年 12 月 27 日
地　　位	世界上最大的水利工程
输水总长	4350 千米

　　我国基本水情一直是夏汛冬枯、北缺南丰，水资源严重不足且时空分布极不平衡。

　　南水北调工程规划为三条线路，从长江上、中、下游调水，即西线工程、中线工程和东线工程。南水北调是实现我国水资源优化配置，促进社会可持续发展，保障和改善民生的重大战略性基础工程。

中国南北水资源分布不均衡。南方每年有富余的水流入大海，北方地区长期干旱缺水，尤其是京津冀地区，养育着约全国 8% 的人口，贡献了全国 10% 左右的 GDP，但人均水资源量却远远低于国际标准的极度缺水红线（人均水资源 500 立方米），缺水已严重影响到工农业生产。

南水北调工程抽调中国江淮流域丰盈的水资源送到华北和西北地区，旨在改变中国北方水资源严重短缺的局面。同时促进南北方经济、社会与人口、资源、环境的协调发展。

截至 2022 年底，南水北调工程已累计调水 586 亿立方米，直接受益人口超 1.5 亿人。南水北调工程全部建成以后，可以有效缓解北方地区水资源紧缺状况，对于保障中国粮食安全、改善和恢复生态环境、促进西部大开发具有重大意义。

南水北调在一定程度上减小了洪水对长江地区的灾害。南水北调中线工程完成后，汉江防汛形势有望出现逆转。丹江口水库建成后，南水北调工程计划每年从丹江口调水 95 亿立方米。近年来，类似汛情再度出现时，中下游洪峰将被"削"低 30 厘米，近 80 万人、90 余万亩耕地基本解除了洪水威胁。

南水北调工程还能较大改善北方地区的生态环境，特别是水资源条件，增加水资源承载能力，提高水资源的配置效率，促进经济结构的战略性调整；对于扩大内需，保持中国经济快速增长，实现全国范围内的结构升级和可持续发展，具有重要的战略意义。

34

只为点亮万家灯火：
西气东输工程

类　　　　别	西部开发的标志性工程
开 工 时 间	2002 年 7 月 4 日
商业运营时间	2004 年 12 月 30 日
用　　　　途	输送天然气

　　西气东输工程于 2002 年 7 月 4 日动工建设，2004 年 10 月 1 日全线建成投产，2004 年 12 月 30 日实现全线商业运营。西气东输工程大大加快了我国中西部及沿线地区的发展，相应增加财政收入和就业机会，带来巨大的经济效益和社会效益。

西气东输工程是中国大型天然气管道工程之一，旨在将中西部地区的天然气输送到东部地区，以满足东部地区日益增长的天然气需求。该工程由四条主干管道和多条支线组成。

西气东输工程的建设有助于促进中西部地区资源的开发利用和东部地区的能源供应，有利于促进沿线地区的经济发展和生态环境保护。西气东输工程的实施，还将促进中国能源结构和产业结构调整，具有重要战略意义。

投资巨大是西气东输工程的一个显著特点，工程总投资超过 4 000 亿元人民币，但经济效益和社会效益十分显著。该工程可拉动机械、电力、化工、冶金、建材等相关行业的发展，对于扩大内需、增加就业具有积极的现实意义。沿线城市可用清洁能源取代部分电厂、窑炉、化工企业和居民生产使用的燃油和煤炭，这将有效改善大气环境，提高人民生活品质。

最后需要指出的是，西气东输工程的实施，得益于中西部丰富的天然气资源。中西部地区有六大天然气盆地，包括塔里木、准噶尔、吐哈、柴达木、鄂尔多斯和四川盆地，其中塔里木盆地是西气东输工程的重要天然气来源。

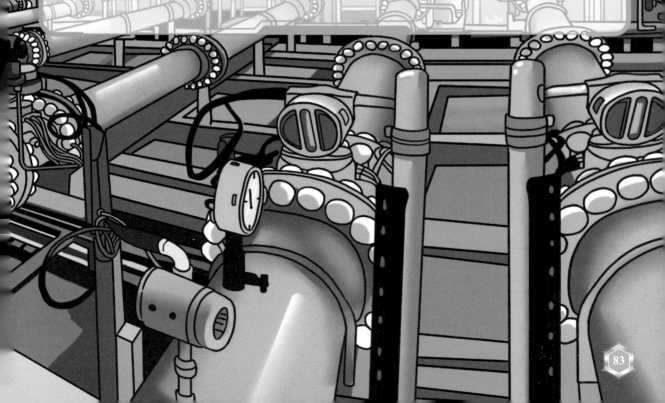

35

史诗般的治江壮举：
长江三峡水利枢纽工程

类　　别	大型水利工程项目
起止时间	1994 年—2009 年
地　　位	世界上规模最大的水电站
用　　途	发电、防洪、抗旱、航运

历史上，长江上游河段及其多条支流频繁发生洪水。每当发生特大洪水时，宜昌以下的长江荆州河段（荆江）都要采取分洪措施，以保障武汉的安全。三峡工程建成后，其巨大的库容调蓄能力，使下游荆江地区可以抵御百年一遇的特大洪水，也有助于洞庭湖的治理和荆江堤防的全面修补。

长江三峡水利枢纽工程，简称三峡工程或三峡大坝，是长江上游段建设的大型水利工程项目。其分布在重庆市到湖北省宜昌市的长江干流上，大坝位于长江三峡西陵峡内的宜昌市夷陵区三斗坪，并和下游 38 千米的葛洲坝水电站形成梯级调度电站。它是世界上规模最大的水电站，是中国有史以来建造的最大的水坝。

　　三峡水电站是治理开发长江的关键性工程，也是世界上承担综合任务最多的水利水电工程。通过科学调度，可以发挥巨大的防洪、发电、航运、水资源配置、节能减排与生态环保等综合作用。三峡水电站总装机容量 2 250 万千瓦，多年平均发电量 882 亿千瓦时。2020 年全年累计发电量 1 118 亿千瓦时，创造单座水电站年发电量的世界纪录。

　　三峡工程形成了一个巨大的水库，长江汛期到来之前，水位要消落至 145 米，腾出足够防洪库容迎汛。汛后再蓄水至 175 米，用于发电和为枯水期中下游河道补水。三峡水库有 221.5 亿立方米的可用防洪库容，可以有效促进洪水资源化利用，供水补水效益巨大。2010 年，三峡蓄水至 175 米水位，形成了库容近 400 亿立方米的巨型水库，成为中国淡水资源战略储备地。三峡工程的生态补水抗旱功能得到更充分的发挥和体现，有效缓解了长江中下游用水紧张局面。

　　三峡工程经过 40 年论证，16 年建设，12 年的试验性蓄水检验后，于 2020 年 11 月完成国家整体竣工验收，进入正常运行期。它的兴建过程，是一条自立自强的创新之路。

36

从"沙进人退"到"绿进沙退"：
"三北"防护林工程

启动时间 1978 年 11 月

地　　位 世界上最大的生态工程

范　　围 中国西北、华北、东北地区

用　　途 减缓土地荒漠化和水土流失进程

　　"三北"防护林是世界上最大的生态工程，自 1978 年 11 月启动，规划分 3 个阶段、8 期工程进行，预计于 2050 年完成。到目前为止，"三北"防护林建设已经延续 40 多年，相关地区的生态环境得到明显好转。

"三北"地区是中华文化的重要发源地，是我国多民族聚居区，有我国重要的国防基地，战略地位突出，但长期以来，风沙危害和水土流失十分严重。从 20 世纪 60 年代初到 70 年代末，"三北"地区有 300 多万公顷农田遭风沙危害，1000 多万公顷草场由于沙化导致牧草严重退化，数以百计的水库变成沙库。

　　"三北"防护林工程是我国在 20 世纪 70 年代为解决北方荒漠化、水土流失和沙尘暴等自然灾害而开展的一项生态工程，工程建设地区位于西北、华北以及东北西部地区，东起黑龙江省的宾县，西至新疆维吾尔自治区的乌孜别里山口，北抵国界线，南沿天津、汾河、渭河、洮河下游、布尔汗达山、喀喇昆仑山。自建设以来，"三北"防护林工程已经取得了显著的成就。

　　"三北"防护林工程在北方的沙漠、荒漠地区建设大面积林带，改善了当地的生态环境，遏制了荒漠化趋势。工程建设 40 余年，截至 2018 年累计完成造林保存面积 3014.3 万公顷，工程区森林覆盖率由 1977 年的 5.05% 提高到 13.57%，累计营造防风固沙林 788.2 万公顷，治理沙化土地 33.62 万平方千米，保护和恢复严重沙化及盐碱化的草原、牧场 1000 多万公顷。毛乌素、科尔沁、呼伦贝尔三大沙地全部实现了沙化土地的逆转。

　　"三北"防护林工程改善了北方的水土条件，降低了水土流失的程度。在工程建设中，采用了多种措施，如种植乔木、灌木和草本植物等，有力地保护了当地的生态环境。该工程还有助于遏制沙尘暴的形成，减轻了北方城市的沙尘暴侵袭。随着林带的逐步建立和完善，沙尘暴的发生频率和程度逐渐得到有效的控制。

　　"三北"防护林工程的建设不仅优化了北方地区的生态环境，还促进了当地的经济发展。林带的建设有助于增加当地的生态产品，如林木、果品等，带动了当地农业的发展。营造的农田防护林对"三北"地区低产区粮食增产的贡献率近 10%，花椒、核桃、红枣等经济林面积大幅增加，为当地群众增收致富提供了有力支持。

　　如今，"三北"防护林工程建设覆盖面积不断扩大，成为我国最大的生态工程之一；在生态建设、环境治理等领域的经验和模式也成为国内外生态工程的重要参考，为全球旱区生态治理提供了宝贵经验和中国智慧。但由于林带建设的质量和效果的不同，我国一些地方依旧存在着荒漠化持续蚕食的现象，这场人类与风沙的战斗仍将继续。

37

神奇的"雪域天路"：
青藏铁路

全线通车时间	2006 年 7 月 1 日
长　　度	1956 千米
地　　位	世界上海拔最高、线路最长的高原铁路
起 止 站 点	西宁站—拉萨站

青藏铁路是青海省西宁市至西藏自治区拉萨市的铁路，全长 1 956 千米，由青藏铁路公司管理及营运。1958 年青藏铁路开工建设，1984 年第一期通车，2006 年 7 月 1 日正式全线通车。

青藏铁路起于青海省西宁市，向西经湟源、海晏，沿青海湖北缘绕行，经德令哈至锡铁山，南折与315国道并行后到达柴达木盆地中的格尔木。再由格尔木南行攀上昆仑山，穿越可可西里，经过风火山、唐古拉山，进入西藏的安多、那曲、当雄，最终到达西藏自治区拉萨市。

青藏铁路沿线共设有85个车站，位于西藏境内的车站均充满藏族特色，且无一相同。格尔木至拉萨段的冻土层行车时速最高为100千米，非冻土层时速最高160千米。目前旅客列车全程行车时间约为25小时。

青藏铁路沿线地质情况十分复杂，海拔4000米以上路段长达960千米，多年连续冻土的地段有550千米，还有部分地段为岛状冻土及深季节冻土地段。在这里修铁路有多个难题。

首先，青藏铁路沿线高寒缺氧，年平均气温在0℃以下，气温最低可达零下40℃，每吸一口气得到的氧气只有平原上的50%~60%。其次，沿线多处为多年冻土，冻土在夏天融化成泥，极大威胁行车安全；此外，沿途生态脆弱，因此铁路选线尽量避开野生动物栖息、活动区域，沿途修建了33个野生动物迁徙的通道。最后，唐古拉山地区是地震高发地区，因此铁路沿途修建了几十个自动地震监视器。

青藏铁路是世界上海拔最高、线路最长的高原铁路，它的最高点位于海拔5072米的唐古拉山口。该线拥有世界上海拔最高的火车站——唐古拉站，海拔5068.63米；有着世界上海拔最高的冻土隧道——风火山隧道，海拔4905米，全长1338米；还有世界上最长的高原冻土隧道——昆仑山隧道，海拔4648米，全长1686米；以及世界上建在冻土地段上最长的铁路桥——清水河特大桥，全长11.7千米。

青藏铁路的建成极大地促进了内地和藏区的联系与交流，坐上火车去拉萨终于不再是梦想。

38

镶嵌在蜀道上的"金腰带"：
兰渝铁路

兰渝铁路是连接甘肃省兰州市与重庆市的国铁 I 级双线电气化客货共用铁路。线路始于兰州站，终到重庆北站，全长 886 千米，全线桥隧比例为 72%。

兰渝铁路自 2008 年 9 月 26 日起开工，2017 年 9 月 29 日全线开通，在我国西部形成了一条纵贯南北的"黄金通道"。建成后兰州与重庆的铁路运输距离由 1 466 千米缩短至 886 千米。

开 工 时 间	2008 年 9 月 26 日
全线通车时间	2017 年 9 月 29 日
长 度	886 千米
起 止 站 点	兰州站—重庆北站

兰渝铁路客车设计时速 160 千米，部分路段最高时速 200 千米，货车最高运行时速 90 千米，是连接中国西北和西南地区最便捷的铁路大通道，是第三条纵贯我国南北的铁路大动脉，也是西部陆海新通道的一部分。

　　兰渝铁路全线开通运营后，我国西部的交通格局发生了质的改变。以往，西北与西南的铁路客货交流主要经由陇海线、西康线、襄渝线运输，呈"之"字形布局，线路迂回绕行，导致运输能力紧张，无法满足大区间客货快捷运输需求。而作为西北、西南地区之间最便捷的快速铁路通道，兰渝铁路全年运输能力可达 6 000 万吨，可通行双层集装箱货运专列。

　　兰渝铁路的开通，为沿线地区和群众带来了福利，沿线丰富的农牧业资源、有色金属资源、煤炭矿产资源有了廉价、快速的铁路运输通道。坐火车也成为兰渝铁路沿线人们重要的出行方式。甘肃岷县和宕昌县，都因为有了兰渝铁路而结束了不通火车的历史。岷县车站日均旅客发送量 1 700 多人；宕昌县哈达铺镇被称为红军长征途中的"加油站"，兰渝铁路助推了当地红色旅游发展，哈达铺车站日均发送旅客 1 300 多人。

　　兰渝铁路的带动作用不仅限于沿线地区。新疆的煤炭、青海的钾肥，通过兰渝铁路，降低了运输成本，开拓了西南市场。兰渝铁路还辐射到华北、东北，这几年东北地区大量的粮食也途经兰渝铁路运往川渝地区。

　　路通人和，百业俱兴。兰渝铁路让山乡巨变，客商云集，人才回归。如今，兰渝铁路以独特的区位优势，成为联通"丝绸之路经济带"和"21 世纪海上丝绸之路"的重要通道，绘就了一幅幅铁路带动沿线地区经济高质量发展的美好蓝图。

39

翱翔天空，百鸟朝凤：
21世纪新一代支线飞机"翔凤"

类　　别	新型涡扇支线客机
首飞时间	2008年11月28日
特　　点	低油耗、低噪声、可靠性高、维修方便
研制单位	中国商用飞机有限责任公司

中国商飞 ARJ21，是由中国商用飞机有限责任公司研制的新型涡扇支线飞机。它的科研代号（也就是后来的型号）ARJ21 是"Advanced Regional Jet for 21st Century"的缩写，意为"21世纪新一代支线飞机"，代号"翔凤"是通过公开征集而得来的。

　　ARJ21新支线飞机是我国首次按照国际民航规章自行研制、具有自主知识产权的中短程新型涡扇支线客机，座级78～90座，航程2 225～3 700千米。

　　我们都知道国产大飞机C919，其实在研发制造C919客机的同时，中国商飞还进行着ARJ21支线飞机和CR929远程宽体客机项目，以实现多领域均衡发展。

　　ARJ21于2014年12月30日取得中国民航局型号合格证，2017年7月9日取得中国民航局生产许可证。目前，ARJ21新支线飞机已正式投入航线运营，市场运营及销售情况良好。

　　ARJ21新支线飞机在设计研发、总装集成、试验试飞、客户服务、适航管理、构型管理等领域创造性地解决了诸多技术难题，掌握了民用喷气运输类飞机研制核心技术，填补了我国在该领域市场开发、产品研制生产、产品支持与客户服务全程实践的空白，实现了我国航空工业喷气运输类飞机集成创新能力的大幅提升，为我国民机事业的发展进一步夯实了基础。

　　更重要的是，作为我国"十五"期间规划的重大高新技术项目，ARJ21研制取得重大技术成果，填补了国内空白，积累了重大项目的管理经验，培养了一批骨干人才，推动了中国民机产业向前发展。

40

飞向未来:
国产 C919
大飞机

类 别	喷气式干线客机
成 果	我国首架自主研发的商用大飞机
突 破 点	将飞机碳排放量减少至同类飞机的 50%
研制单位	中国商用飞机有限责任公司

　　2017 年 3 月 6 日,国产大飞机 C919 总设计师在接受记者采访时表示,C919 首架机总装下线以来,项目在系统集成试验、静力试验、机上试验、试飞准备等几条主线上稳步推进。2017 年 5 月 5 日,C919 首架机首飞圆满成功,自此开启了中国民航新时代。

C919 首架机首飞圆满成功，标志着我国具备自主研制世界一流大型客机的能力。

从 C919 这款大飞机的命名来看，第一个字母"C"是"China"的首字母，也是商用飞机英文缩写 COMAC 的首字母，第一个"9"的寓意是天长地久，"19"代表的是中国首型国产大型客机最大载客量为 190 座。

C919 作为"大"客机，它究竟有多大呢？C919 机长 38.9 米，翼展 35.8 米，最大起飞质量达 72 吨，最大着陆质量 66 吨。它使用 CFM56 发动机，最大设计航程 4 075 千米，加大航程型最大航程为 5 555 千米，巡航速度每秒 238~286 米，最大飞行高度 1.2 万米。

为了让 C919 能够如雄鹰般翱翔于蓝天之上，研发人员集思广益，试验无数次，最终在 800 多副机翼中选定了最终的机翼。这套机翼属于"超临界机翼"的一种，是适用于大型飞机的一类机翼。当飞机飞行速度足够快时，机翼表面的局部流速可达音速，这时如果再提速，飞机表面就会受到强大的气流扰动，形成音障，使飞行阻力加大。而超临界翼型的巧妙设计就可大幅改善机翼在高速飞行中的气动性能，降低阻力并提高飞行姿态的可控性。

从 1970 年我国自主研制的"运-10"飞机立项，到 2017 年 5 月 5 日 C919 首架机首飞成功，国人期盼了近半个世纪的大飞机梦终于成真。C919 之后，中国商用飞机有限责任公司计划研制第二种大型客机，即 C929 计划，最大载客量为 290 座左右。由 C919 领航的"大飞机时代"即将到来！

41

使命感"爆棚"："复兴号"标准动车组

类　别	中国自主研发的标准动车组	
首发日期	2017 年 6 月 26 日	
运营速度	160 千米 / 小时、250 千米 / 小时、350 千米 / 小时	
主要线路	京沪高铁、京津城际	

2017 年 6 月 25 日，中国标准动车组被正式命名为"复兴号"，于 26 日在京沪高铁正式双向首发，分别担当 G123 次和 G124 次高速列车。随着它们的首发，我们共同迎来了一个时代：中国标准动车组时代。

"复兴号"主要有"CR400AF"和"CR400BF"两种型号。其中中车青岛四方机车车辆股份有限公司生产的"蓝海豚"（后采用红色涂装，被称为"红神龙"）被命名为CR400AF，中车长春轨道客车股份有限公司生产的"金凤凰"被命名为CR400BF。CR是China railway（中国铁路）的缩写，400代表最高速度可达400千米/小时以上，持续运行速度为350千米/小时，而"A"和"B"为企业标识代码，代表生产厂家，"F"为技术类型代码，代表动力分散电动车组。此外，还有技术类型代码"J"代表动力集中电动车组，"N"代表动力集中内燃动车组。

　　"复兴号"中国标准动车组摆脱了早期动车时代的"混血"，在高速动车组254项重要标准中，中国标准占84%，特别是软件，全部是自主开发。"复兴号"搭载中国自主研发的网络控制系统，是"中华血统"的国产"大脑"。中国标准动车组由20多家单位构成的核心团队历经3年打造，整体设计以及车体、转向架、牵引、制动、网络等关键技术都是我国自主研发，具有完全自主知识产权。

　　"复兴号"全车部署了2500余项传感器，能够采集各种车辆状态信息1500余项，进行实时监测。一旦列车出现异常，可自动报警或预警，自动采取限速或停车措施。

　　2018年7月1日，16辆长编组"复兴号"动车组首次投入运营。与原有8辆编组的"复兴号"列车相比，长编组列车在保持350千米时速的同时，整车定员数量达到原来的两倍。长编组"复兴号"动车组采用"8动8拖"动力设计，列车总长度达到414.26米，总定员达1193人，成为当时全球编组最长的时速350千米动车组列车。

　　2019年1月5日起，全国铁路实行新的列车运行图，17辆超长版时速350千米"复兴号"首次亮相京沪高铁。此次首次投入运营的"复兴号"动车组全长439.9米，载客定员1283人，载客能力较16辆长编组提升了7.5%。

　　2024年6月，"复兴号"智能动车组技术提升版列车研制完成，列车席位增加，旅客使用空间扩大，服务功能优化，并于6月15日在京沪高铁上线运行。

　　"复兴号"的运营，标志着中国高速动车组技术在高铁各个技术领域达到世界先进水平。"复兴号"正如其名字一般，承载着中华民族伟大复兴的梦想，鼓舞着亿万中国人民逐梦前行。

42

"鲲龙"上天入海：
AG600 水陆两栖飞机

类　别	大型水陆两栖飞机
用　途	森林灭火与海上救援
突 破 点	可实现陆地和水面起降
研制单位	中国航空工业集团有限公司

2020 年 7 月 26 日，以大型灭火与水上救援为任务的我国新一代水陆两栖飞机，在碧海蓝天的见证下，驭风入海，踏浪腾空，成功实现海上首飞！这是它继 2017 年陆上首飞、2018 年水上首飞之后的又一里程碑事件。它的名字叫"鲲龙"，编号 AG600。

AG600 是中国大飞机"三剑客"之一，是继大型运输机"运-20"、大型客机 C919 之后，又一款我国自主研发的大飞机，也是全球在研的最大水陆两栖飞机。

2020 年 7 月 26 日是令人振奋的一天！上午 9 时 28 分许，AG600 飞机从山东日照山字河机场滑行起飞，在空中飞行约 28 分钟后顺利抵达山东青岛团岛附近海域；10 时 14 分，AG600 穿云破雾轻盈入水，平稳地贴着海面滑行，回转、调整方向、加速、机头昂起，一气呵成；10 时 18 分许，AG600 再次迎浪腾空，直插云霄，圆满完成海上起飞。在安全飞行约 31 分钟，完成一系列既定试飞科目后，AG600 于 10 时 49 分许顺利返回出发机场，成功完成首次海上飞行试验任务。

AG600 是中国自主研发的大型水陆两栖飞机。它不仅可以在陆地或水面上起降，起飞和着陆的距离还较短，具有较强的适应性和机动性。AG600 是不折不扣的"多面手"，可以用于多种应用场景，如应急救援、资源勘探、物资运输、边防巡逻等。

AG600 采用了一系列先进的技术，如高效的涡轮螺旋桨发动机、复合材料结构、数字化驾驶舱等，具有高性能和可靠性，是集百般武艺于一身的国之重器。AG600 的研发和生产突破了多项技术难关，如水陆两栖飞机的设计和制造、大型涡轮螺旋桨发动机的研发和制造等。这些技术突破使 AG600 完美诠释了"水陆两栖"的特点，这艘"会游泳的飞机""会飞的船"实现了人类自古以来"飞天入海"的梦想。

AG600 的研发，一方面推动了中国在航空工业领域的技术进步和产业升级，另一方面为中国的国防建设和民用事业提供了新的发展机遇。同时，AG600 还展示了中国的创新能力和科技实力，彰显了中国在航空领域追求卓越的态度和决心。

时　间	事　件
2009 年 6 月	启动"鲲龙"项目
2014 年	进入零件制造阶段
2015 年	进行总装
2017 年末	第一次陆地试飞
2018 年初	第二次陆地试飞
2018 年 10 月	水上试飞
2020 年 7 月	海上试飞
2024 年 5 月	完成两项高风险试飞科目

43

大洋上的中国荣耀：
液化天然气载运船扬帆起航

时　　间	2008 年
地　　位	首艘自主研发的液化天然气载运船
用　　途	运送液化天然气
研制单位	沪东中华造船（集团）有限公司

液化天然气载运船，简称 LNG（Liquefied Natural Gas）船，是一种设计用来运送液化天然气的货船。LNG 船被誉为是造船业"皇冠上的明珠"，具有技术要求高、建造难度大、附加值高等特点，目前只有少数几个国家的船厂能够建造。随着液化天然气市场的不断扩大，世界对 LNG 船的需求也在快速增长。

中驰温州
CESI WENZHOU

LNG 船的安全性是非常重要的课题。若 LNG 船出现破损，泄漏出的液化天然气有可能发生燃烧，进而导致爆炸或者火灾。一艘 LNG 船装载的液化天然气如果全部燃烧转化为热能，能量可以达到广岛原子弹的几十倍，因此一旦爆炸就会造成灾难性后果。这也从侧面反映了 LNG 船的建造要求有多高。

中国虽然是造船大国，但长期以来缺乏建造 LNG 船的能力。2008 年，沪东中华造船（集团）有限公司（简称"沪东中华"）建造的第一艘 LNG 船扬帆起航，它采用薄膜式围护系统，容积147 000 立方米。

我国在 20 世纪 90 年代末期就开始研发 LNG 船，仅仅八年时间就取得了成功，填补了我国相关工业领域的空白，结束了天然气运输受制于人的历史。

随着全球液化天然气市场的不断扩大，LNG 船市场也逐渐成为全球船舶制造业的一个重要领域。沪东中华在 LNG 船领域拥有雄厚的技术和资源优势，其持续推进技术创新和市场拓展，截至 2022 年底，沪东中华手持 LNG 船订单近 50 艘，创造了中国船厂 LNG 船年度接单量的历史最高纪录。这一成就不仅体现了中国 LNG 船制造业在数量和质量上的提升，也巩固了沪东中华在中国 LNG 产业链中的领先地位。

此外，中国大船集团也已经签署了 1+1 艘大型 LNG 运输船合作意向书，这是该集团正式挺进大型 LNG 船领域的标志。此外，该集团还有望与希腊船东 Dynagas 签署 2+2 艘 20 万立方米超大型 LNG 船建造意向书。这些订单将提升中国大船集团在国际市场上的竞争力和影响力。

LNG 业内维持着良好的安全记录，在近 10 万次成功装载中，未产生因液货舱破损而造成的泄漏事故。即使一艘 LNG 船以 12 千米每小时的速度撞上另一艘差不多大小的 LNG 船，从而造成 90 度倾覆时，依然可以保证不会有液化天然气泄漏。

结合预警系统、规章制度、人员培训以及科技进步等因素综合考量，现代 LNG 船的泄漏概率应该能达到低至十万分之一的级别。

44

自由缝合城市空间：
大型盾构机下线

时　　间	2015 年 11 月
地　　位	首台自主研发的铁路大直径盾构机
用　　途	开凿隧道
研制单位	中国铁建股份有限公司

2001 年，我国将盾构关键技术列入"863 计划"，目标是实现盾构机完全自主国产化。2008 年，我国第一台具有自主知识产权的复合式土压平衡盾构机在天津地铁三号线盾构工地成功始发，这台名为"中国中铁 1 号"的盾构机，拉开了盾构机国产化的序幕。

盾构机也叫全断面隧道掘进机，是一种专门用来开凿隧道的大型机具，具有从开挖、推进到撑开全由该机具完成的特点，其开挖速度是传统钻爆法的 5 倍。然而盾构机几乎无法模组化，只能依照开挖隧道的直径定做，因此价格不菲。我国在地铁和铁路建设过程中，需要大量使用盾构机，在国产大型盾构机诞生之前，我们只能依赖进口，受制于人。

2015 年 11 月，在湖南长沙，国内第一台铁路大直径盾构机成功下线，这台由我国自主研发的大型高端装备，由中国铁建股份有限公司研发而成。它的诞生预示着我国盾构机生产技术水平迈上了新台阶，不仅有效保障了施工人员的安全，也加快了施工进度，使我国在铁路施工领域实现了零的突破。国内首台铁路大直径盾构机的下线，开创了国产自主研制的先河，体现了国产大型盾构施工装备创新能力与技术水平得到了前所未有的增长。

近年来，国产盾构机在大型化、智能化、自主化、多元化应用和环保性能等方面取得重大进展，这些进展不仅加速了我国城市的地下交通和水利工程建设，也为我国盾构机企业在国际市场上的竞争提供了有力支撑。

目前，我国盾构机厂商开始将研发重心放在大型化和智能化方面，不断推出更强大、更智能的盾构机产品。2019 年，中国中铁隧道局研发出口径 12.88 米的"超级盾构机"，创下世界纪录。同时，我国盾构机厂商在自主研发和国产化方面也取得了重大突破，不断缩小与国外盾构机厂商的差距。上面提到的"超级盾构机"就打破了欧洲、日本在该级别的垄断。

如今，盾构机在地下交通和水利工程建设中的应用已经比较成熟，我国厂商也尝试将盾构机技术应用到其他领域，如地下储氢、地下储油等，以扩大盾构机的应用范围和市场。由于盾构机在施工过程中会产生噪音、扬尘等环境问题，我国厂商也开始注重提升盾构机的环保性能，采取一系列措施减少对环境的影响，如采用低噪音电动机、使用防尘设备等。

目前我国盾构掘进技术不断提高，我们与发达工业国家的距离慢慢缩短，但是仍然在许多方面有着一定差距，如产品研发、售后保障、技术支持等方面。随着不断努力，我们必将在产品、技术、服务上实现新的突破，从而真正实现从中国制造到中国创造的转型升级。

45

挖沙造岛的巨无霸："天鲲号"自航绞吸挖泥船

类 别	重型自航绞吸船
下水时间	2017 年 11 月 3 日
突破点	双定位功能
设计单位	中国船舶工业集团公司

2017 年 11 月 3 日，首艘由我国自主设计建造的亚洲最大自航绞吸挖泥船——"天鲲号"成功下水。2018 年 6 月 12 日，经过为期近 4 天的海上航行，"天鲲号"缓缓停靠在位于江苏启东的船厂码头，成功完成首次试航，这标志着"天鲲号"向着成为一艘真正的疏浚利器迈出了关键一步。2019 年 3 月 12 日，"天鲲号"正式投产首航。中国自航绞吸挖泥船的自主研制能力再一次让世人惊叹！

远海岛礁的建设离不开钢铁巨轮——重型绞吸船，"天鲲号"就是其中的佼佼者。它能以每小时 6 000 立方米的速度将海沙、岩石以及海水混合物输送到最远 1.5 万米的地方，成为建设中国海疆的国之重器。

　　"天鲲号"全船长 140 米，型宽 27.8 米，型深 9 米，最大挖深 35 米，绞刀电机量最大功率可达 7 500 千瓦。这些数据决定了它是当之无愧的亚洲最大自航绞吸挖泥船。它能在不到一周的时间里在岛礁上搭起一个"水立方"大小的沙石堆。而之前大放异彩的"天鲸号"在这项能力上就稍逊一筹。我国能在如此短的时间内将重型自航绞吸挖泥船的研发制造更新换代，让在该领域一直处于领先地位的欧美发达国家惊叹不已。

　　"天鲲号"的规划交融了国际最新科技，配备了当今国际最强大的发掘体系和最大功率的高效泥泵。其中，远程输送能力等雄踞世界第一。该船的研制使我国的挖泥船配备实现了从"中国制造"到"中国创造"。

　　"天鲲号"还具备了双定位功能，这是全球首创，也是我国独有的，国外自航绞吸挖泥船都是单定位的。"天鲲号"除了钢桩台车定位，还有一套三缆定位装置，是用绞车钢丝绳来定位的，在世界上仅我国有这个装置。

　　可以肯定的是，我国"天"字号系列的重型自航绞吸挖泥船已经具备了参与国际疏浚工程招投标竞争的实力。2023 年，"天鲲号"完成中国港湾参与的阿布扎比岛疏浚吹填工程建设，这是该船首次进入国际高端疏浚市场。

46

海上"巨无霸":"蓝鲸 1 号"海上钻井平台

类 别	半潜式钻井平台
用 途	开采可燃冰
地 位	世界最大、钻井最深的双井架半潜式钻井平台
建造单位	中集来福士（烟台）海洋工程有限公司

2017 年 5 月 18 日，原国土资源部宣布：我国南海神狐海域可燃冰试采取得圆满成功，实现了持续产气时间最长、产气总量最大、气流稳定、环境安全等多项重大突破，标志着我国成为全球第一个可燃冰试采获得连续稳定产气的国家。

可燃冰的外观像冰一样，且遇火即可燃烧，故人们形象地称之为"可燃冰"。它的学名叫作"天然气水合物"，是一种由天然气与水在高压低温条件下形成的类冰状结晶物质。1立方米可燃冰可转化为160~180立方米天然气和0.8立方米的水。可燃冰燃烧后几乎不产生任何残渣，对环境的污染比煤、石油和天然气都要小得多，但能量却高出10倍，是一种理想的高效清洁能源。由于可燃冰一般分布于深海沉积物或陆域永久冻土层中，它的开采一直是一道世界性难题。

可燃冰开采的最大挑战，源自海底严酷的自然条件和可燃冰自身的物理特性：首先，全球海底可燃冰中的甲烷总量约为地球大气中甲烷总量的3 000倍，而甲烷是一种强效温室气体，它的温室效应系数是二氧化碳的几十倍。如果贸然将封印在海底的甲烷释放到大气中，会对世界气候及海洋本身产生难以想象的负面影响。

其次，大规模开采有可能改变沉积物的物理性质，使海底软化，出现大规模海底滑坡、塌方，进而引发灾难性海啸。再者，已有的海底工程设施，如海底输电或通讯电缆、海洋石油钻井平台等，可能会因可燃冰大规模开采而受到破坏，污染海洋环境。

正是这些环境和技术方面的障碍，阻滞了可燃冰大规模工业开采的步伐。

不过，我国自主研制的国之重器——"蓝鲸1号"，就是为解决这些难题应运而生的。它是世界最大、钻井最深的一座双井架半潜式钻井平台。该平台长117米，宽92.7米，高118米（相当于37层楼高），净重超过4.3万吨，最大钻井深度15 240米，最大作业水深3 658米。通过配置一整套高效液压双钻塔和全球领先的DP3闭环动力定位系统，"蓝鲸一号"可比传统钻探平台提升30%的作业效率，节省10%的燃料消耗。这样的高端海工装备，已成为保障国家战略能源供应和促进经济增长的重要支撑。

南海可燃冰的成功开采是中国人民勇攀世界科技高峰的又一标志性成就，对推动能源生产和消费革命具有重要而深远的影响。

47

电力的"高速公路"：
特高压输电技术

地　位	世界上最先进的输电技术
分　类	特高压交流输电、特高压直流输电
用　途	输送电力
特　点	输送容量大、输送距离长

输电网电压等级一般分为高压、超高压、特高压。大容量的远距离输电，使用特高压输电最划算，而特高压输电包括特高压交流输电和特高压直流输电。特高压输电技术历来并无多少先例可循，是电力科技界的"珠穆朗玛峰"。我国经过不断努力，已成为该技术的领跑者，不仅使特高压输电工程在中国遍地开花，还走向世界。

国际上对于交流输电网的定义，高压通常指 35 千伏及以上、220 千伏及以下的电压等级；超高压通常指 330 千伏及以上、1000 千伏以下的电压等级；特高压指 1000 千伏及以上的电压等级。而对于直流输电，超高压通常指 ±500（±400）千伏、±600 千伏等电压等级；特高压通常指 ±800 千伏及以上电压等级。

在我国，"高压电网"是指 110 千伏和 220 千伏电网；"超高压电网"是指 330 千伏、500 千伏和 750 千伏电网；"特高压电网"是指 1000 千伏交流为骨干网架的电网。特高压作为全世界最先进的输电技术，具有大容量、高效率、低损耗、远距离等多项突出特点。目前，我国已经建成 1000 千伏特高压交流和 ±1100 千伏直流输电通道。

特高压交流输电用于电网主网架构和大容量、远距离输电，类似于输电线路中的"高速公路"。交流电可以使用变压器直接升压或降压，线路中间可以随地落点，电力的接入、传输和消纳十分灵活。特高压直流输电的杆塔结构简单、单位输送容量线路走廊窄、造价低、损耗小、输送能力强，用于超远距离、超大规模"点对点"输电；但两端的换流站和逆变站构造较为复杂，成本高，中间不易落点，类似于直达航班。

相较于交流输电，直流输电虽然占的输电容量份额较少，但由于直流输电独特的优点，输电网建设出现了交直流输电相辅相成共同发展的局面。基于我国能源与需求逆向分布的国情，为了满足更大容量、更远距离的电力传输，发展特高压交直流混合电网成为我国电网发展的战略方向。

当前，我国已经全面掌握了特高压核心技术，成功研制了全套特高压设备，形成了完善的特高压输电标准体系，获得专利技术 431 项（其中发明专利 185 项），彻底扭转了我国电力工业长期跟随西方发达国家的被动局面，首次在世界电网科技领域实现了"中国创造"和"中国引领"，引起国际广泛关注。

48

悬崖上的建设：
白鹤滩水电站

地　位	中国第二大水电站
用　途	发电、防洪、拦沙、航运、灌溉
正式蓄水时间	2021 年 4 月 6 日
突破点	通风冷却技术、单机容量最大功率、百万千瓦水轮发电机组

"白鹤展翅、江流蓄势"，2022 年 1 月 18 日，白鹤滩水电站发电机组转子全部吊装完成，同年 12 月，白鹤滩水电站全面投入商业运行。这项工程的完美收官，创造了世界水电站建设的多项荣耀：发电机组单机容量位列世界第一（单机容量 100 万千瓦）；总装机容量仅次于三峡水电站，位列世界第二；总水推力排名世界第二（1650 万吨）；拱坝高度位居世界第三（289 米）。

白鹤滩水电站作为世界级超级工程，在多个领域都步入了世界技术"无人区"，主要特性指标均居世界前列。建成后多年平均发电量 624.43 亿千瓦时，为华东、华中、南方电网提供大量优质可再生清洁能源，每年可以节约标准煤 1968 万吨，减少排放二氧化碳 5160 万吨，减少排放烟尘 22 万吨，对减少温室气体排放、改善人类生活环境、缓解能源危机都有极大的社会意义。那么这座水电站有哪些独特之处呢？

　　白鹤滩水电站的单机容量 100 万千瓦，位列世界第一，实现了我国高端装备制造的重大突破。百万千瓦机组从 0 到 1 的漫漫征程背后，是 0.1 甚至 0.01 的跬步积累。白鹤滩的百万千瓦机组，百分百中国"智"造。为实现更大容量的功率输出，一方面需要提高发电机工作电流，另一方面还要提高输出电压。额定电流的大幅提升，需要攻克发电机组载流回路、结构尺寸及散热系统等主要技术难关，额定电压的提高对相关材料和结构工艺也提出更高的要求。

　　百万千瓦级水轮发电机定子、转子的发热量巨大，如果没有行之有效的冷却系统，绝缘寿命将大幅降低，严重情况下还会出现脱壳击穿烧毁绝缘的危险。目前最主流的水轮机冷却方式是空气冷却，但应用在如此超大容量的机组上，却是一个巨大的挑战。白鹤滩工程机组空冷技术的重大突破，填补了世界百万级水轮发电机通风冷却领域的技术空白。

　　百万千瓦级水轮发电机推力轴承负荷大，需要攻克轴承支承结构和油循环冷却系统等技术难题。白鹤滩水轮发电机组推力轴承采用双层巴氏合金瓦，推力瓦固定在机架上，镜板固定在推力头，压在推力瓦上随转子转动，推力瓦与镜板间有一层油膜，以此实现转动部件和固定部件之间的衔接。

　　白鹤滩水电站的建成运行，对推动长江经济带发展、促进节能减排和加强流域防洪减灾能力都有着十分重要的战略意义。

4

生物医学
基因工程

49

了不起的 11 年：
新中国消灭天花

- **天花定义** 由天花病毒引发的烈性传染病
- **天花特点** 没有无症状感染者、不易变异
- **天花危害** 传染性强、死亡率高
- **消灭时间** 1961 年 6 月

天花是一种烈性传染病，致死率高，被称为人类历史上最具毁灭性的疾病之一。然而，1949 年成立的中华人民共和国，却在很短时间内让天花彻底根绝，为全球消灭这种疾病的进程作出了自己的贡献。

天花是一种由天花病毒引发的烈性传染病，传染性极强，有着史无前例的高死亡率，幸存者大多在痊愈后留下典型疤痕，因此得名"天花"。早在一万年前，人类就已经感染过这种疾病。

16世纪，欧洲的探险家、殖民者和征服者进入美洲大陆时，将病毒带到了美洲，导致瘟疫肆虐，千百万美洲大陆土著居民死亡。不仅如此，在18世纪英国与印第安人的战争中，英国军队曾将天花病毒作为消灭印第安人的"生化武器"。

直到18世纪70年代，英国医生爱德华·琴纳发现了牛痘，人类才终于能够抵御天花病毒的肆意入侵。世界卫生组织成立后即推动在世界范围内对天花疫苗的大规模接种。

1980年，世界卫生组织宣布天花从此绝迹。由于天花病毒仅能将人类作为宿主，因此这也是到目前为止，在世界范围内被人类消灭的第一种传染病。

而早在1950年10月，为了在中国彻底消灭天花病毒，中央人民政府政务院颁布了《关于发动秋季种痘运动的指示》，全国迅速掀起了普遍种痘的高潮。1961年6月，中国最后一名天花患者痊愈出院。中华人民共和国只用了11年时间，就消灭了这个困扰人类数千年的瘟疫，比世界卫生组织宣布消灭天花的时间整整提前了19年。

消灭天花，是人类对病毒性疾病打得最完美的一次胜仗。这固然有病毒的特殊性，比如只有人这个唯一宿主，没有无症状感染者，不易变异等。但更为关键的是科学的防控策略以及全人类的共同努力、统一行动。这是根除天花给我们最重要的启示，也是人类战胜病毒、走向未来的大道正途。

50

显微外科的壮举：
世界首例断肢再植术

时　间	1963 年
地　点	上海市第六人民医院
主刀医师	陈中伟
手术时长	8 小时

断肢再植，一直是外科界关注的重大课题。1903 年，国外开始用动物开展实验研究。1963 年，陈中伟、钱允庆等几名中国医师成功接活了一只完全断离的手，在世界医学史上写下了辉煌的一页。

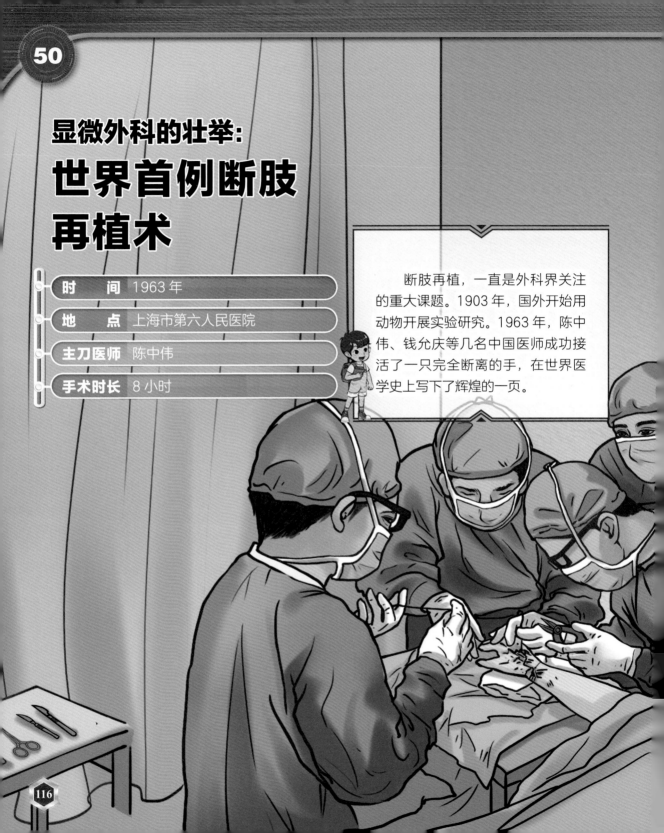

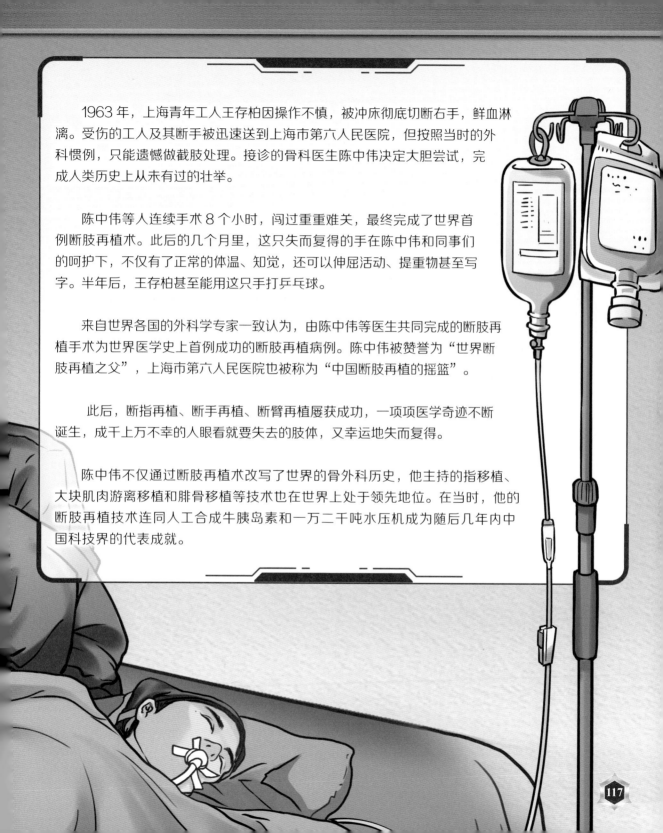

　　1963 年，上海青年工人王存柏因操作不慎，被冲床彻底切断右手，鲜血淋漓。受伤的工人及其断手被迅速送到上海市第六人民医院，但按照当时的外科惯例，只能遗憾做截肢处理。接诊的骨科医生陈中伟决定大胆尝试，完成人类历史上从未有过的壮举。

　　陈中伟等人连续手术 8 个小时，闯过重重难关，最终完成了世界首例断肢再植术。此后的几个月里，这只失而复得的手在陈中伟和同事们的呵护下，不仅有了正常的体温、知觉，还可以伸屈活动、提重物甚至写字。半年后，王存柏甚至能用这只手打乒乓球。

　　来自世界各国的外科学专家一致认为，由陈中伟等医生共同完成的断肢再植手术为世界医学史上首例成功的断肢再植病例。陈中伟被赞誉为"世界断肢再植之父"，上海市第六人民医院也被称为"中国断肢再植的摇篮"。

　　此后，断指再植、断手再植、断臂再植屡获成功，一项项医学奇迹不断诞生，成千上万不幸的人眼看就要失去的肢体，又幸运地失而复得。

　　陈中伟不仅通过断肢再植术改写了世界的骨外科历史，他主持的指移植、大块肌肉游离移植和腓骨移植等技术也在世界上处于领先地位。在当时，他的断肢再植技术连同人工合成牛胰岛素和一万二千吨水压机成为随后几年内中国科技界的代表成就。

51

人工合成蛋白质时代的开始：
首次人工合成
牛胰岛素

立项时间	1958 年
合成时间	1965 年 9 月 17 日
地 位	新中国首个在本土取得的世界级基础研究成果
研究单位	中国科学院上海生物化学研究所、中国科学院上海有机化学研究所、北京大学化学系

人工合成结晶牛胰岛素是我国于 1965 年完成的一项科学成就，也是新中国第一个在本土取得的世界级基础研究成果。它标志着人类在探索生命奥秘的征途中迈出了关键一步。

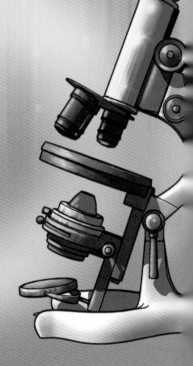

胰岛素是一种蛋白质（多肽）类激素，由胰岛 β 细胞分泌。弗雷德里克·格兰特·班廷和约翰·麦克劳德两人曾因发现胰岛素在 1923 年获得诺贝尔生理学或医学奖。

胰岛素在血糖浓度调控过程中扮演着重要的角色。胰岛素合成分泌异常是 I 型糖尿病的诱因，而 I 型糖尿病的治疗方法则是为病人注射胰岛素。在很长一段时间里，胰岛素都只能从动物胰腺中分离，胰岛素的提取率很低，且价格昂贵。人的胰岛素与牛、猪等动物的胰岛素结构相似，但有少数几个氨基酸残基不同，一部分人在注射牛、猪等动物源胰岛素后可能发生过敏等不良反应。

1958 年 12 月底，我国人工合成胰岛素课题正式激活。在科研基础十分薄弱，设备极其简陋的年代，历经七年不懈攻关，这项凝聚中国百余名科研人员心血的项目获得了成功。中国成功合成结晶牛胰岛素的消息在国际上产生了很大的影响。

1966 年 4 月，项目的主要负责人在波兰华沙召开的欧洲生化联合会第三次会议上报告了这一成果。国际权威学术期刊《科学》也报道了中国科学家人工合成结晶牛胰岛素的消息。

瑞典生物化学家、诺贝尔化学奖得主阿尔内·蒂塞利乌斯在 1966 年 4 月 30 日访问北京时表现出他对人工合成结晶牛胰岛素的强烈兴趣，他认为这项工作非常振奋人心。在得知中华人民共和国成功试爆原子弹后，他评论道："制造原子弹是可以从书本上学到的，但合成结晶牛胰岛素却不能。"

1966 年下半年，同样是诺贝尔奖得主的英国生物化学家约翰·肯德鲁在访问北京时表示，合成结晶牛胰岛素（在当时）是英国最知名的中国科学成就。

人工合成牛胰岛素开辟了人工合成蛋白质的新时代，在生命科学发展史上产生了重大影响，也为我国生命科学研究奠定了基础。

52

合成生物大分子的又一成就：
人工合成核糖核酸

研究时间	1968 年
合成时间	1981 年 11 月
地　　位	世界上首次人工合成核酸分子
所获荣誉	中科院重大科技成果奖一等奖、国家自然科学奖一等奖、陈嘉庚生命科学奖

　　1965 年，我国在世界上首次人工合成了蛋白质——结晶牛胰岛素。1968 年起，中国科学家又开始挑战人工合成核酸。1981 年 11 月，我国在世界上首次人工合成了核酸分子——酵母丙氨酸转移核糖核酸（酵母丙氨酸 tRNA）。

我国合成的酵母丙氨酸转移核糖核酸的组成、序列和生物功能与天然的酵母丙氨酸 tRNA 完全相同。这项成果于 1984 年获得中科院重大科技成果奖一等奖，并在 1987 年获得国家自然科学奖一等奖，在 1991 年获得陈嘉庚生命科学奖。

　　蛋白质、核酸和多糖是生物体内具有非常重要功能的生物大分子。在生物体内部，它们无时无刻不在被合成出来。核酸具有决定生物遗传，指导和参与生物体内蛋白质合成的重要功能。对核酸的研究，是当代生命科学的前沿科技项目之一。100 多年前，人类在细胞核中发现了核酸。自 20 世纪 50 年代起，科学家们便一直试图用人工方法来合成核酸。

　　我国从 1968 年开始这项研究，参加这项研究工作的有近百名科学工作者，他们来自十多家科研机构。这项研究工作对于揭示核酸在生物体内的作用，进一步了解遗传和其他生命现象，具有重要的理论意义。同时，它还带动了核酸类试剂和工具酶的研究，带动了多种核酸类药物，包括抗肿瘤药物、抗病毒药物的研制和应用。

　　人工合成核糖核酸的成功，是中国在探索生命科学的征途上取得的一项重大基础理论研究成果，也是中国在世界上第一次人工合成牛胰岛素之后的又一个重大突破，标志着中国在人工合成生物大分子的研究方面居于世界先进行列。

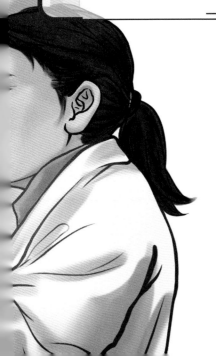

53

中医药献给世界的一份礼物:

青蒿素

研究时间 1967 年 5 月 23 日

代表人物 屠呦呦

所获荣誉 2015 年诺贝尔生理学或医学奖

用　　途 主要用于治疗疟疾

青蒿素是中国首先发现并成功提取的特效抗疟药,帮助中国完全消除了疟疾,为全球疟疾防治、佑护人类健康作出了重要贡献。

2021 年 6 月 30 日,世界卫生组织发布新闻公报,中国正式获得该组织消除疟疾认证。公报称:中国疟疾感染病例由 20 世纪 40 年代的每年约 3000 万减少至零,是一项了不起的壮举。

疟疾是一种寄生虫传染病，其病原疟原虫主要借助蚊虫传播。当携带疟原虫的雌性疟蚊叮咬人类时，疟原虫就可能通过蚊虫的唾液进入人体。

在有效药物出现之前，疟疾曾经是热带和亚热带地区最为流行且最为致命的传染病。全球每年有两三亿人感染疟疾，超过 40 万人因感染疟疾死亡。目前，疟疾仍然是世界上最主要的致死病因之一。同时，部分地区出现的"抗药性"问题，已经成为全球抗疟的最大技术障碍。

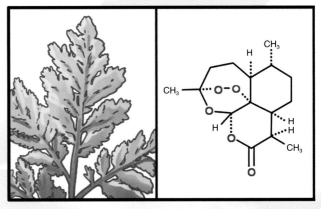

青蒿　　　　　　　　青蒿素的分子结构

目前常见的抗疟药物有奎宁、氯喹、青蒿素及其衍生物等，前两者为早期的抗疟药剂，曾经为人类的抗疟事业立下过汗马功劳，至今仍然活跃在抗疟第一线。然而，奎宁和氯喹均有较强的副作用，且在多年的使用过程中不可避免地产生抗药性问题。目前，在东南亚的一些地区，奎宁和氯喹几乎无法对疟原虫形成有效的杀灭了。

20 世纪六七十年代，我国科学家屠呦呦率领"523"课题组提取了青蒿素。这种新型的化合物在问世早期并没有引发太多的国际关注，但青蒿素类化合物如今已经发展为所有抗疟药物中起效最快、效果最好、抗药性表现最轻的一种，成为现今全球范围内对抗恶性疟疾的标准方法。青蒿素的主要发现者屠呦呦也因此成就，于 2015 年荣获诺贝尔生理学或医学奖。

2017 年，中国首次实现了全年无本地疟疾感染病例报告，有 99.5% 的区县、83.3% 的地市通过了消除疟疾考核评估，上海市成为第一个通过省级消除疟疾评估的地方。要获得无疟疾认证，有严格的标准，即一个国家或地区连续 3 年没有本土疟疾病例，并建立有效的疟疾快速检测、监控系统，制定疟疾防控方案。

现在，中国在生产青蒿素的产能上已有突破，下一步就是深入进行疟原虫对青蒿素的耐药性研究，既要研发出新型的青蒿素，又要研发出新的抗御疟疾的药物。

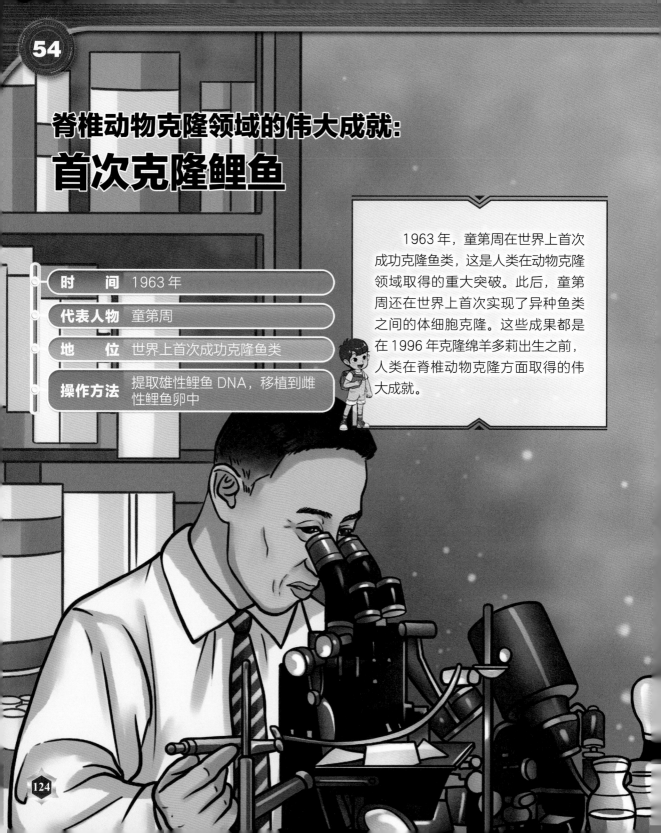

54

脊椎动物克隆领域的伟大成就：
首次克隆鲤鱼

时　　间	1963 年
代表人物	童第周
地　　位	世界上首次成功克隆鱼类
操作方法	提取雄性鲤鱼 DNA，移植到雌性鲤鱼卵中

1963 年，童第周在世界上首次成功克隆鱼类，这是人类在动物克隆领域取得的重大突破。此后，童第周还在世界上首次实现了异种鱼类之间的体细胞克隆。这些成果都是在 1996 年克隆绵羊多莉出生之前，人类在脊椎动物克隆方面取得的伟大成就。

克隆是指生物体通过体细胞进行无性繁殖，由无性繁殖形成的基因型完全相同的后代个体组成的种群。"克隆"一词最初源于希腊语，意思是用"嫩枝"或"插条"繁殖。扦插等克隆技术在农业和园艺方面广泛应用，而在动物方面，克隆一般要通过核移植才能实现。所谓核移植就是把来自胚胎或体细胞的细胞核移植到未受精的卵中，而该细胞核中包含有此物种全部的 DNA。

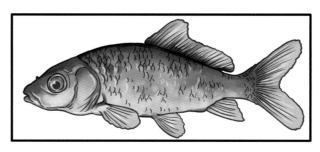

第一条克隆雌性鲤鱼

第一个动物个体的人工克隆是在 1892 年通过海胆的胚胎分裂产生的，1952 年，人类成功实现了青蛙的克隆。

在这些成就的基础上，童第周于 1963 年从一条雄性鲤鱼中提取 DNA 并将其移植到一条雌性鲤鱼的卵中，成功地进行了世界上第一次鱼类克隆。1973 年，他又成功将一条雄性鲤鱼的 DNA 移植到了一条雌性鲫鱼的卵中，从而创造了第一个物种间的克隆。

1996 年，随着克隆羊"多莉"的诞生，克隆技术让世界大吃一惊。英国罗斯林研究所通过将绵羊的乳腺细胞核移植到胚胎细胞中创造了一只克隆绵羊，这也是第一个成功完成的哺乳动物克隆。如今已经有许多关于哺乳动物成功克隆的报道，包括猫、马、牛、山羊、兔子、猪、小鼠和骆驼乃至猕猴等。

"多莉"羊一夜成名，克隆鱼却在多年后才为众人所知。童第周的研究成果在国内外学术界产生了深远的影响，开创了我国克隆技术的先河，是我国当之无愧的克隆先驱。

55

为世界粮食生产作出重大贡献：
杂交水稻的突破

研究时间 1964—2021 年

代表人物 袁隆平

突 破 点 杂交育种

所获荣誉 入选"2021 年度全球十大工程成就"

2021 年 10 月 17 日，国家杂交水稻工程技术中心在湖南省衡南县对袁隆平团队研发的杂交水稻双季亩产进行测产验收，杂交水稻双季测产为 1 603.9 千克，成功突破亩产 1 500 千克目标，并创造了新的纪录。

中国是世界上第一个培育成功，并推广杂交水稻的国家。我国杂交水稻研究始终处于世界领先水平，已在越南、印度尼西亚、菲律宾和美国等60多个国家成功试种或推广，取得了显著的增产效果。

两个遗传性不同的亲本杂交产生杂种第一代，其在生长势、生活力、繁殖力、抗逆性、产量和品质上均优于双亲，这种现象被称为"杂种优势"。杂交育种的主要技术手段是通过杂交进行基因重组，使后代出现可利用的杂种优势。

1964年，中国科学家袁隆平发现了水稻雄性不育株，开始研究杂交水稻。1973年，袁隆平宣告"三系法"籼稻培育成功，这是我国杂交水稻育种的一个重大突破。"三系"杂交稻种子的生产需要雄性不育系、雄性不育保持系和雄性不育恢复系的相互配套。1995年，袁隆平及其团队独创的"两系法"杂交水稻研究取得突破性进展，这种杂交水稻因为只有不育系（母本）和恢复系（父本），而不需要保持系（中间体），所以称"两系法"杂交水稻。"两系法"极大地简化了育种程序，缩短了育种周期，而且巧妙利

"杂交水稻之父"袁隆平

用广亲和材料，实现籼粳亚种间的杂交，杂种优势更加强大，普遍比同期的"三系"杂交稻每公顷增产750千克～1500千克，米质也有了较大的提高。

截至目前，中国主要农作物良种基本实现全覆盖，自主选育品种面积占95%以上，水稻、小麦两大口粮作物品种自给率达100%，良种在农业增产中的贡献率超过45%。我国杂交水稻年种植面积超过1600万公顷，占水稻总种植面积的57%，产量约占水稻总产量的65%。据统计，杂交水稻每年增产的稻谷，可以为中国多养活8000万人口。作为我国研究和发展杂交水稻的开创者，也是世界上第一个成功利用水稻杂种优势的科学家，袁隆平被称为"杂交水稻之父"。

56

哺乳动物体外受精时代的到来：
首只试管山羊诞生

时　间	1984 年 3 月 9 日
代表人物	旭日干
地　位	世界首例试管山羊
突破点	畜用哺乳动物体外受精技术

1984 年 3 月 9 日，旭日干博士成功培育出了一只"试管山羊"，这是全球第一只试管山羊。这只小山羊体格健壮，活泼好动，贪婪地吮吸着母乳，不时兴奋地发出"咩咩"叫声，十分可爱。这一技术的诞生标志着畜用哺乳动物的体外受精技术已开始朝着实用化迈进，背后巨大的经济价值开始显现。

旭日干是毕业于内蒙古大学生物系动物专业的蒙古族科学家。他于 1965 年毕业，之后于 1982 年公派到日本留学，并在日本兽医畜产大学及日本农林省畜产试验场进修。

当时，国外已进行了几十年的山羊体外受精研究，但始终无法解决关键性问题：牛、羊等家畜的精子在体外难以与卵子结合。

在日本留学的旭日干从导师手中接过了这个世界性难题。他通过长时间的试验和观察，成功地让山羊在体外受精。接着，他又进行了试管羔羊的培育，细心观察受体母羊的微小变化。通过诸多努力，他终于培育出世界上第一只试管山羊。

位于内蒙古大学内的世界首例
试管山羊纪念雕像

这项技术的应用非常广泛。在中国，产于鄂尔多斯的阿尔巴斯白绒山羊的羊绒白而透明，是羊绒珍品，但产量较低；而盖州市的山羊产绒量高，但质量较差。为了把这两种羊的优势结合起来，科学家们需要使用动物杂交技术。然而，要让这两种山羊自然杂交，需要 10 代约 15 年的时间，才能形成一定规模的杂交群体。而旭日干的试管羊技术，可以在很短的时间内让成千上万个受精卵迅速植入普通羊体内，使这些羊妈妈们产下良种的小羊，而且每年还能生产双仔。旭日干在试管羊技术上的突破，使得这项进行了半个世纪的家畜体外受精生物技术研究，一跃成为具有重要应用价值的生物工程。

1989 年 3 月 10 日，在旭日干的主持下，中国第一只试管绵羊在内蒙古大学实验动物研究中心降生。8 月 15 日，中国第一只试管牛也在此诞生。这标志着中国在这一领域的研究已经达到了世界领先水平。

旭日干的试管羊技术的成功，对家畜繁殖、种群育种、保护物种等方面都具有极大的推动作用。在科技发展日新月异的今天，这项技术也在其他领域得到应用。试管技术不仅为家畜繁殖带来了新的思路和方法，也为人类生殖医学和遗传学的发展带来了新的希望和机遇。

57

妙手仁心度众生：
首例试管婴儿诞生

时　　间	1988 年 3 月 10 日
地　　点	北京医科大学第三附属医院
主治医师	张丽珠
突　破　点	体外受精技术

1988 年 3 月 10 日，北京医科大学第三附属医院（简称"北医三院"）诞生了中国本土第一例试管婴儿。这是我国现代医学技术上的一次重大突破。

1978 年，世界首例试管婴儿在英国诞生，让躬耕妇产科领域多年的张丽珠深受触动。1984 年，张丽珠带领团队开始自主研究试管婴儿关键技术。

1987 年 5 月，一位来自甘肃的高龄备孕妈妈找到北医三院张丽珠教授，希望通过现代医学手段实现怀孕生产的梦想。当时无论是技术条件还是知识储备都不能和今天相比，但即便如此，张丽珠团队依然成功了。

首例试管婴儿的诞生，是我国生殖医学发展的里程碑。虽然比其他国家起步晚了十年，但经过不懈努力，如今，我国辅助生殖技术日趋成熟，试管婴儿已成为所有不孕症夫妇采取的非常重要的生殖辅助方式。

诞生了中国本土第一位试管婴儿的北医三院生殖医学中心，又相继诞生了首例配子输卵管移植试管婴儿、冻融胚胎试管婴儿。2006 年，国内首例三冻（冻卵、冻精子、冻胚胎）试管婴儿在北医三院出生。2014 年，世界首例 MALBAC 胚胎全基因组测序试管婴儿也在北医三院诞生。这标志着我国胚胎植入前遗传诊断技术已处于世界领先地位。

如今，辅助生殖技术更进一步。在新的基因检测技术帮助下，不好的基因可以被剔除，杜绝父母的带病基因遗传给下一代。即使父母有遗传病，也能生下健康的孩子。

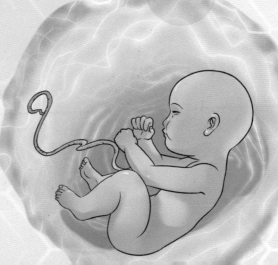

58

技术成熟的预防针：
乙肝基因工程疫苗

类 别	肝炎医疗药物
制成时间	1991 年
研制单位	中国预防医学科学院病毒学研究所等
用 途	预防乙型肝炎

乙型肝炎在全世界均有流行，我国属于高流行区。世界上研制乙肝疫苗的工作从 20 世纪初就已开始，而我国的疫苗研制和预防工作开始于 20 世纪 70 年代。从第一代血源性疫苗到基因工程疫苗，科学家们不懈努力，让我国摘掉了"乙肝大国"的帽子，被世界卫生组织誉为发展中国家典范。

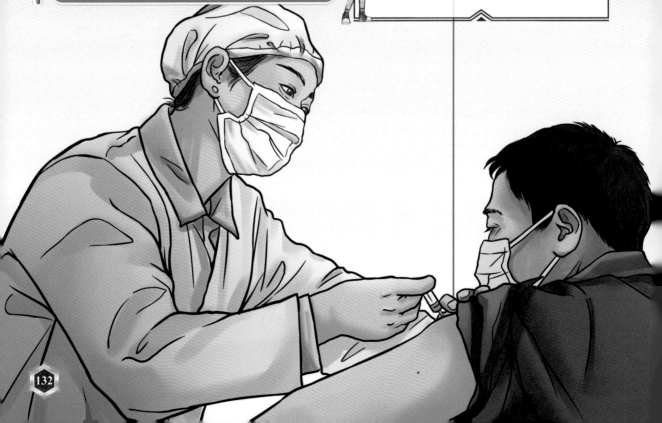

我国从很早开始就进行了乙肝疫苗的国产化工作，最终实现了利用独立技术路线生产乙肝疫苗。目前，我国市场上使用的乙肝疫苗已有相当一部分采用了国产产品。

第一代乙型肝炎疫苗即血源性乙型肝炎疫苗，因其获取困难及疾病经血液途径传播的潜在风险，该疫苗成为一种过渡性疫苗，现已被淘汰。

第二代乙肝基因工程疫苗是用基因工程技术在酵母或哺乳动物细胞内表达乙肝抗原，从而获得疫苗的。简单来说就是通过基因工程技术把一部分乙肝病毒的特征嵌入到其他易于在体外繁殖的细胞中，再培养并提纯这些细胞分泌的物质。

我国生产的乙肝基因工程疫苗研制成功于 1991 年，研发单位是中国预防医学科学院病毒学研究所及长春生物技术研究所等。研发团队先将乙型肝炎表面抗原基因片段重组到中国仓鼠卵巢细胞内，再对这些细胞进行培养增殖。这些人工培育的细胞团就会在培养液中分泌乙肝表面抗原，研究人员再进行纯化并加入适量的其他辅助成分后即可制成疫苗。

如今，随着医学技术的进步，我们已经可以很好地控制感染者体内的乙肝病毒，令它们失去感染能力，使慢性乙肝感染者血液中的病毒含量降低至无法检测的水平，即获得所谓的临床治愈。相信终有一天，人类能够将慢性感染者体内的乙肝病毒完全清除，从而真正战胜这种与人类斗争了千年的疾病。

59

戊肝防控的新希望：
"益可宁"实现
商品化

类　　别	肝炎医疗药物
上市时间	2012 年 10 月
地　　位	世界首支戊型肝炎疫苗
用　　途	预防戊型肝炎

　　我国科研工作者历时 14 年研制成功的戊肝疫苗"益可宁"于 2012 年 10 月实现商品化上市。这是世界首支戊型肝炎疫苗，它给人类带来了抵御和战胜戊型肝炎的新希望。

戊型肝炎（简称"戊肝"）是一种戊型肝炎病毒感染所造成的肝脏发炎疾病。目前已知的人类肝炎病毒有五种：甲型、乙型、丙型、丁型和戊型，戊型肝炎的病原体是一种单链没有外壳的核糖核酸病毒，主要经由粪－口途径传播。它最早的流行纪录为1955年印度新德里的一次暴发。

戊型肝炎是一种自限性感染疾病，主要见于亚洲和非洲的一些发展中国家，发达国家以散发病例为主。免疫缺陷的患者有较高的风险发展为慢性肝炎，并造成明显较高的死亡率。

接受器官移植的患者因服用降低免疫力的抗排异药物，因此成为慢性戊肝主要的风险族群。除此之外，对于遭受严重感染的健康个体而言，疾病会大幅影响个人的工作能力、对家人的照护能力和其他日常活动。戊型肝炎偶尔会发展为急性重症肝炎，造成约2%的患者死亡。

临床上，戊型肝炎表现和甲型肝炎很相似。但对妊娠妇女而言，戊型肝炎常造成暴发性肝衰竭，孕晚期死亡率高达20%。

由于猪、猴、鹿、鼠和羊也会被戊型肝炎病毒感染，一般认为它是一种动物病，多发于高温多雨季节，尤其在洪涝灾害造成粪便对水源广泛污染的地区。

目前，全世界都没有针对戊型肝炎感染的特异性治疗方法，研制有效预防的疫苗就成为最好的选择。中国戊肝疫苗研制成功赢得国内外学术界和产业界的广泛赞誉。全球顶级医学刊物及世界卫生组织主办的国际权威刊物均报道了这一成果，并认为这是全世界戊肝防控领域的一个重大突破。

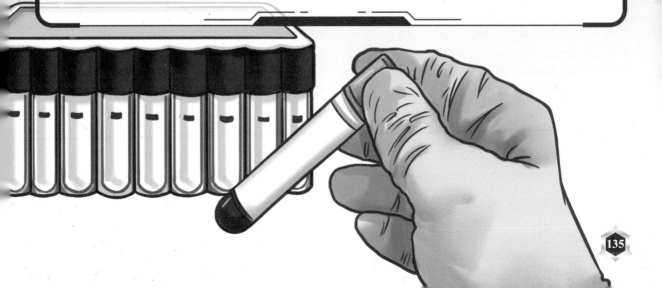

60

有望破译人类遗传信息：
加入人类基因组计划

类　别	基因组学
目　的	破译人类遗传信息
国际启动时间	1990 年
中国加入时间	1999 年

人类基因组计划是一项规模高、跨国跨学科的巨型科学探索工程。其宗旨在于测定组成人类染色体中所包含的 60 亿对核苷酸序列，从而绘制人类基因组图谱，达到破译人类遗传信息的最终目的。

基因组计划是人类为探索自身奥秘迈出的重要一步。大多数测序任务安排在美国、英国、日本、法国、德国和中国的 20 所大学和研究中心进行。

中国的人类基因组计划在中国国家自然科学基金委员会的支持下，于 1994 年启动，并得到国家高技术研究发展计划（"863"计划）和国家自然科学基金的资助。1998 年，国家人类基因组南方研究中心和北方研究中心成立，中国科学院遗传研究所人类基因组研究中心成立；1999 年，北京华大基因研究中心成立。

在此之前，国际人类基因组计划早已在各个合作单位规划和分配了各自应负责的染色体和其片段的测序工作。1998 年 3 月，我国和美国科学家合作，成功将与华人和鼻咽癌有关的肿瘤抑制基因定位于人类第 3 号染色体的短臂 3p21.3 位点，为中国最终参加国际合作的 DNA（脱氧核糖核酸）测序工作提供了迫切和合理的理由。

1999 年 6 月 26 日，中国科学院遗传研究所人类基因组中心向美国国立卫生研究院（NIH）的国际人类基因组计划（HGP）递交加入申请。HGP 在网上公布中国注册加入国际测序组织，中国成为继美、英、日、德、法后第六个加入该组织的国家。

1999 年 11 月 10 日，"1% 计划"被列入中国国家项目，并确定由北京华大基因研究中心牵头，国家人类基因组南方研究中心、北方研究中心共同参与，承担全部工程 1% 的测序工作。

2000 年 4 月，中国提前完成了人类第 3 号染色体上 3 000 万个碱基对的工作草图。中国加入人类基因组计划，使该计划具有更广泛的代表性，成为生命科学领域里国际大规模研究合作的起点，也标志着中国生物科学研究开始跻身国际前沿行列，意义重大。

61

棉铃虫的克星：
转基因抗虫棉

地　　位	打破国外抗虫棉垄断
制成时间	1998 年
突 破 点	导入苏云金芽孢杆菌的 Bt 基因
研制单位	中国农业科学院棉花研究所

棉花是与我们日常生活关系极为密切的农作物，我们穿用的衣服和不少生产原材料都来自棉花。中国棉农曾经饱受棉花害虫——棉铃虫之苦。面对严峻的生产形势，我国科学家启动抗虫棉研制工作，育成了拥有独立自主知识产权的转基因抗虫棉品种，有效抑制了棉铃虫害，提升棉花产量，社会效益巨大。

转基因抗虫棉是利用基因技术改造的棉花品种，它对棉花害虫有强烈毒性，但对高等动物及环境则相当友好。

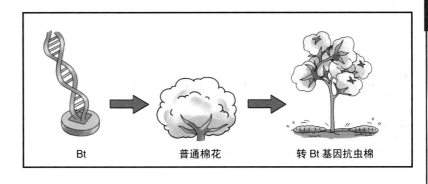

Bt　　　　　普通棉花　　　　　转 Bt 基因抗虫棉

棉花产业在我国经济发展中占有举足轻重的地位。20 世纪 90 年代以来，棉铃虫危害猖獗，给国家造成了巨大的经济损失。尤其是 1992 年，棉铃虫大暴发，所有的农药都束手无策。农药为什么对棉铃虫无可奈何？专家猜测是因为我国从 20 世纪 80 年代以来，长期、大量使用菊酯类农药，棉铃虫的抗药性大大增加；此外，北方棉区进行种植制度改革，从一熟棉花改为麦棉套作，这也让棉铃虫有了充足的食物来源。棉铃虫害发生基数大为增加，给棉花造成了严重危害。

20 世纪末，美国科学家把一种来源于棉花外部的苏云金芽孢杆菌的 Bt 毒蛋白基因转育到棉花体内，它能够主导生成一种杀虫毒蛋白质。这种杀虫蛋白质可以使包括棉铃虫在内的鳞翅目害虫消化道穿孔，从而导致其死亡。该蛋白质对鳞翅目害虫具有专一杀伤作用，对人畜等高等动物则无任何毒副作用。

我国相关机构与成功掌握转基因抗虫棉技术的美国公司进行了艰苦的谈判，对方提出让我国棉花研究所放弃自主科研，联合开发，并给予一定的经济补偿。这将极大地削弱我国抗虫棉育种的创新能力，甚至导致我国棉种市场被外国垄断。一旦答应对方的条件，事关我国经济安全的棉花产业将完全受制于人，后果严重。

我国科学家从未停止过对抗虫棉的自主研究，终于，中国农业科学院棉花研究所率领全国相关单位，于 1998 年培育出第一个单价转基因抗虫棉品种 —— 中棉所 29，并于 2002 年培育了我国第一个双价转基因抗虫棉品种 —— 中棉所 41。这些成就让我国打破了国外抗虫棉的垄断，成为世界上第二个拥有自主知识产权转基因抗虫棉的国家。

62

命中靶心：
SARS 冠状病毒进化
与起源新发现

疾病名称	非典型肺炎
病毒起源	菊头蝠
检测时间	2011 年
取得时间	2013 年

2003 年，"非典型肺炎"（简称"非典"或 SARS）以迅雷不及掩耳之势迅速席卷全国乃至全世界。世界卫生组织公布的疫情统计结果显示，这场疫情共波及 32 个国家和地区，全球感染人数共 8 422 例，死亡 916 例，平均病死率为 10.8%。

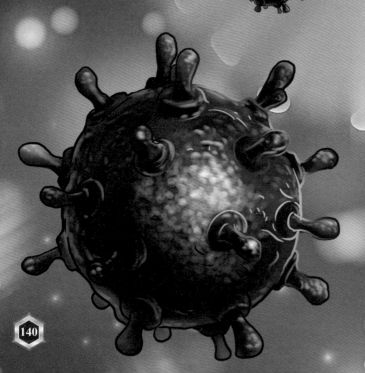

SARS 暴发初期，科学家从病人身上分离出了冠状病毒，接着流行病学调查显示，这 4 例病人中的 2 例有接触果子狸和食用野生动物的历史，同时从果子狸和病人身上分离出来的冠状病毒高度同源，相似度超过 99.8%。

果子狸

然而，科学家追踪了很久后发现，野生果子狸其实并不携带病毒，而且果子狸感染冠状病毒后同样会发病表现症状，这并不符合学术上对于自然宿主的定义：必须长期携带这个病毒且自身不发病；另外在自然状态下，这些自然宿主动物，要存在一定的群体感染率。那么，不是果子狸，"始作俑者"又是谁呢？

对于研究病毒的学者来说，蝙蝠地位特殊，许多新发病毒，比如埃博拉、马尔堡、亨德拉、尼帕等，最后都被发现为蝙蝠身上携带。从 2004 年开始，研究人员就试图从蝙蝠身上追寻疫情的病源。

研究人员从我国广西、云南等地采集蝙蝠的粪便、咽拭子以及血清等，通过对不同科属的 408 只蝙蝠进行抗体以及核酸的监测，最终在菊头蝠身上找到了和 SARS 病毒相似的冠状病毒。随后，多个研究团队在我国及欧洲地区的多种菊头蝠中发现了越来越多的冠状病毒基因组序列。

2011 年，研究小组在云南的一个蝙蝠洞里首次检测到了和 SARS 冠状病毒 S 基因十分相近的毒株，并于 2013 年从样品中分离出第一株蝙蝠 SARS 样冠状病毒的活毒。它与 SARS 病毒使用相同的受体，以中国科学院武汉病毒所的英文简称命名为 WIV1，这一成果发表于当年的国际著名学术期刊《自然》上。该发现让学术界更加肯定，SARS 冠状病毒起源于菊头蝠。

从 2003 年到 2013 年，通过连续 11 年对病毒进行追踪溯源，科学家终于弄清楚了 SARS 病毒在自然界的起源和可能的进化机制。

63

新发传染病研究的重大突破：
明确新布尼亚病毒病原

疾病名称	发热伴血小板减少综合征
病毒起源	蜱虫
时　　间	2010 年 3 月 17 日
组织单位	中国疾控中心

2007 年 5 月，河南省信阳市某县医院同时收治了 3 例被诊断为急性肠胃炎的入院患者，他们具有的发热、腹痛、腹胀、恶心、呕吐以及消化道出血等症状，均为急性肠胃炎的典型表现。然而，针对急性肠胃炎的治疗却并没有取得太多的效果，患者情况不断恶化。一位焦急的家属向当地疾病预防控制机构反映了该问题，河南省疾病预防控制中心对此高度重视，并开展了专项调查。

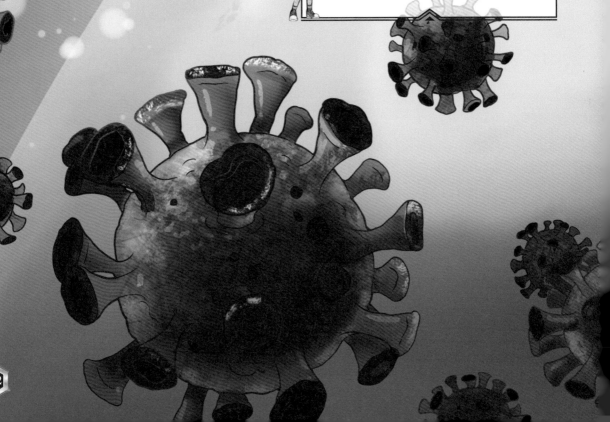

患者们不同寻常的症状提示医务工作者，他们所面对的敌人绝非普通急性肠胃炎，很可能是未知的疾病。然而，寻找致病元凶的进展却如同大海捞针一般，困难重重。

之后，从河南省开始，疾控部门建立了针对类似症状的监测和上报系统，逐渐发现了大量情况相似的病例。通过对这些患者的检测发现，各种已知病原体均为阴性。时间推移到 2009 年夏天，湖北、山东、安徽、江苏以及辽宁等省均发现了类似患者，但对致病原的分离却始终没有获得进展。在此期间，患者死亡率高达近 30%。

蜱虫

2010 年 3 月 17 日，在由中国疾控中心牵头的多个中外研究团队的共同努力下，病原体得到成功分离，这是一种在病毒分类学上属于布尼亚病毒科的新型病毒，被称为新布尼亚病毒。根据其产生的症状，该病毒引起的疾病被命名为发热伴血小板减少综合征。这个发现是我国近年在新发传染病防控与研究领域取得的重大突破。

经过对疫区动物进行广泛的检疫，研究人员在蜱虫体内检测到了病毒核酸，并分离出了新布尼亚病毒，从而证实蜱虫叮咬是人感染新布尼亚病毒的主要途径。

新布尼亚病毒引发的病症往往被误诊为急性肠胃炎、再生障碍性贫血甚至白血病等，延误了患者的治疗，甚至造成家庭成员间的传染以及患者死亡等严重后果。目前对病毒的认识和研究仍然处在初级阶段，但得益于病原体的明确和分离，新布尼亚病毒感染造成的患者死亡率正在快速下降，目前已经不到 10%。

64

破译世界结构生物学的难题：
捕获剪接体
高分辨率结构

刊发时间	2015 年 8 月 21 日
研究单位	清华大学生命科学学院
代表人物	施一公
意　义	有助于研究很多疾病难题

2015 年 8 月 21 日，清华大学生命科学学院施一公教授研究组在《科学》杂志同时在线发表两篇论文，报道了首次捕获到剪接体高分辨率结构的研究成果。该团队用了 6 年时间，一直试图破译世界结构生物学公认的两大难题之一——剪接体的密码。论文的发表，标志着研究组终于获得了决定性进展。

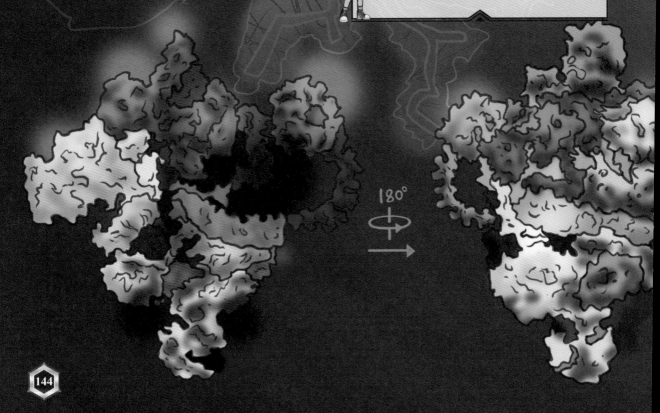

180°

一切生命活动的基础都来自蛋白质。在 DNA "生产"蛋白质的过程中，需要三种东西，分别是：RNA 聚合酶、剪接体和核糖体。多少年来，科学家们一直在步履维艰地探索剪接体中的分子奥秘，期待早日揭示这个复杂多变的分子机理，而施一公研究小组终于圆了科学家们多年的梦想。

西湖大学生命科学院 RNA 生物学与再生医学讲席教授付向东认为，"这是 RNA 剪接领域里程碑式的重大突破，也是近 30 年中国在基础生命科学领域对世界科学的最大贡献"。2009 年诺贝尔生理学或医学奖得主、哈佛大学医学院教授杰克·肖斯德克也高度评价了施一公研究组的重大发现。

剪接体是由 5 个不同的小核糖核酸和不少于 100 个蛋白质组成的大型核糖核酸蛋白质复合物，在分子界可能算是大个头。没有剪接体，我们的身体就会陷入混乱，最终产生不可预知的结果。

剪接的过程可以理解为"筛选精华"的过程。一套 DNA 含有全套基因密码，但也有许多已失去功能的"废码"。在转录时，DNA 会不顾一切地转录所有密码，包括废码，前体信使 RNA 也将这些密码完全复制下来。因此，剪接体的作用是从 RNA 链中剪去废码，仅保留具有功能的基因密码，这样我们的身体才能正常运作。

具体来说，出了问题的前体信使 RNA 到了剪接体这里，剪接体就要根据自己的经验来进行剪接，把那些不需要的密码（内含子）去掉，只留下需要的（外显子）。等剪接体全部剪接完，前体信使 RNA 才能变成有用的信使 RNA，然后信使 RNA 再用这套正确的密码编织出我们所需要的蛋白质。

有研究发现，很多疾病的产生就和剪接出错有关，比如一些癌症就与剪接因子的错误调控有关。如果我们能掌握剪接体如何剪接的秘密，很多疾病难题也许就会迎刃而解。

65

破解孙大圣的秘籍：
"中华"克隆猴

诞生时间 2017年11月27日、12月5日

研究单位 中国科学院神经科学研究所

突 破 点 以非人灵长类动物作为克隆对象

所获荣誉 入选"2018年度中国科学十大进展"

2017年11月27日，世界上首个体细胞克隆猴"中中"在中国科学院神经科学研究所、脑科学与智能技术卓越创新中心的非人灵长类平台诞生；12月5日，第二个克隆猴"华华"诞生。

通常哺乳动物身体里无数个细胞中，只有生殖细胞才能孕育出新生命，即精子与卵子结合之后形成受精卵繁殖后代。但有性生殖得到的后代会拥有双方的基因组，假如想得到一只从外表到基因组都只与一方完全相同的动物，就得用克隆技术了。

克隆指的是创造一个与原来生物体拥有一模一样遗传信息的生物体。自然界中存在着克隆，例如同卵双胞胎，源自同一个受精卵的分裂，正常分娩之后就会得到两只基因相同的动物宝宝。这也是早期克隆胚胎的主要方法，即强制使受精卵在特定的时间分裂，然后分别培养孕育出来生命。如今主流的克隆是体细胞克隆技术，优点是不需要特定的生殖细胞就可以"复制"动物，而且每次都可以得到完全一样的"复制品"。

在"复制"动物方面，科学家已经研究了很多年，最著名的莫过于 1996 年出生的克隆羊"多莉"。此后，各国科学家先后"复制"了牛、鼠、猫、狗等动物，但一直没有"复制"出与人类最相近的非人灵长类动物，为什么？其中主要有三大难点。

难点一，猴的卵细胞的细胞核不易识别，加大了将其取出的难度。难点二，猴的卵细胞容易被提前激活，导致克隆程序无法正常执行。难点三，细胞核与卵细胞结合后的克隆胚胎的发育效率低。

经过 5 年多的努力，中国科学家成功进行了克隆猴实验。通过相关鉴定，两只克隆猴"中中"和"华华"的基因组与供体体细胞完全一致。科学家从内到外成功地"复制"了两只与本体一模一样的猴子。克隆猴技术更多是为了建立更好的疾病模型和进行"完美"的对照实验，服务于人类健康，并且符合动物伦理。这项实验对科学家、对普通人都有非凡的意义。

66

寻找"上帝之手"：
单染色体酵母
在中国诞生

时　　间	2018 年
用　　途	对抗衰老和癌症等疾病
突 破 点	首次人工合成了单条染色体的真核细胞
研究单位	中国科学院上海植物生理生态研究所

2018 年，一条关于中国科学院上海植物生理生态研究所取得重大科研进展的消息频频见诸报端——单染色体酵母横空出世，中国率先迈出了"人造生命"史上里程碑式的一步。

世界首例人造单染色体真核细胞创建成功，中国实现合成生物学重大突破，为人类认知生命世界作出了重大原创性贡献。

自然界中的野生酵母菌拥有 16 条染色体，来自中国科学院的科学工作者们将其多条染色体末端修剪之后，首尾相连，拼接成一条大型染色体。在拼接后，人工改造酵母菌的染色体数量从 16 减少到了 1，但是染色体中所包含的基因总量几乎没变。打个比方说，科学家们把原来分装在 16 个小文件夹中的文件整合到了一个大文件夹中——文件的总量和信息内容都没有发生变化，但收纳位置不一样了。

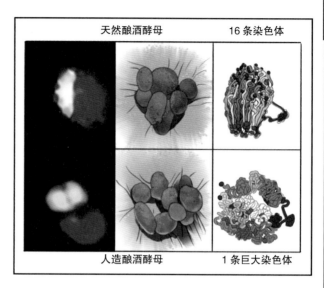

这项工作的技术细节听起来好像很轻松随意，但实际上不论是末端修剪还是随后的拼接，都具有极高的技术含量，反映了我国生物科学技术的最新进展和最高水平。而且整理酵母基因组的工作实际操作起来远比整理文件要困难得多。生命，尤其真核生物是非常复杂的系统，有些基因仅仅是换个位置，或者拷贝数发生了增减，功能都将受到影响。

据悉，与中国展开这次科技竞赛的美国实验室就是在关键的技术环节上稍逊一筹：他们已经将 16 条染色体拼成了 2 条，但最后的融合却耗费了他们多年的时间和精力。

对于"人造生命"，多数"百科知识"中的解释是创造自然界没有的生命，这是一个非常模糊的说法。现存的种种所谓"人造生命"，还没有一个算得上真正从零开始——它们大多是将现有生物进行改造得来的。现阶段，人类虽然可以读取生命编码几乎全部的基因数据，却并不能透彻理解这些数据的含义。人造生命的关键在于进一步领悟和解读基因组中所包含的遗传信息。

67

领跑脑神经研究：
获世界首例生物节律紊乱体细胞克隆猴

2019 年 1 月 23 日，中国科学院神经科学研究所的生物节律与衰老疾病研究组和非人灵长类研究平台的科学家们举办新闻发布会，介绍他们利用 CRISPR/Cas9 基因编辑方法，敲除了体外受精猴胚胎中的生物节律核心基因——BMAL1，在国际上首次获得了生物节律紊乱克隆猴。生物节律紊乱克隆猴的成功获得，将为人类研究多种精神疾病提供便利的实验模型。

时　　间	2019 年 1 月 23 日
研究单位	中国科学院神经科学研究所
突 破 点	以非人灵长类动物作为研究对象
意　　义	为人类研究多种精神疾病提供便利

生物节律与身体健康息息相关。现代社会，来自方方面面的压力使人类的作息时间很难严格遵循体内的生物钟。加班、轮班，频繁地跨越时区，熬夜玩手机等，这些生活方式往往会干扰人体内生物钟，对人的精神状态、新陈代谢、睡眠周期和身体抵抗力等造成负面影响。此前，科学家们已经发现，人的生物节律紊乱与多种睡眠障碍、神经退行性疾病（如阿尔茨海默病）、精神类疾病（如抑郁症）、糖尿病、肿瘤以及心血管等疾病密切相关。

以往，科学家们主要利用小鼠和果蝇作为动物研究的主要模型。但在研究生物节律方面，小鼠是夜行动物，与人类的生物节律存在本质差别；而果蝇则无法重现人类的失眠、抑郁等复杂行为。因此，传统模式的生物研究极大制约了生物节律紊乱机理研究和相关疾病治疗手段的研发，而非人灵长类动物的习性与人类最接近，是研究节律紊乱相关疾病机理和诊治手段比较理想的动物模型，因此建立非人灵长类生物节律紊乱模型迫在眉睫。

这项研究中获得的生物节律紊乱体细胞克隆猴表明中国正式开启了批量化、标准化创建疾病克隆猴模型的新时代，有望为脑认知功能研究、重大疾病早期诊断与干预、药物研发等提供新型高效的动物模型。

此外，该成果的应用有助于缩短药物研发周期，提高药物研发成功率，必将极大地促进生命科学和医学的发展，加快我国新药创制与研发的进程。

68

癌症新疗法：
特殊感光化合物专杀癌细胞

时　　间	2020 年 7 月
特　　点	高效、安全、普适性
实验对象	小鼠
操作方法	定向输送后，用特定光源在体外照射

2020 年 7 月，我国的科学家们成功地研发出了一项新的癌症治疗技术——感光化合物疗法。这种技术利用一种特殊的感光化合物，在定向输送到癌肿部位之后，再用特定光源进行照射，释放出杀灭癌细胞的活性产物。在经过实验验证后，这项技术被证明具有高效、安全和普适性的特点，这为人类战胜癌症带来了新的希望和机遇。

癌症是全球范围内令人头痛的疾病之一，尽管现在医疗手段已经有了显著的进步，但仍需更有效的治疗方法来缓解病人的痛苦，提高其生存率。

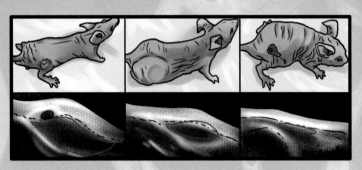

经感光化合物疗法，小猪癌肿部位变小

感光化合物疗法是一种针对癌症的靶向治疗方法，其优点在于可以准确地将化合物输送到癌肿部位，使药物作用更具针对性，最大限度地减少药物对正常细胞的伤害。此外，感光化合物疗法具有极高的治疗效率，可以在极短的时间内杀死癌细胞，并且对患者的身体造成的副作用较小。这种新型的治疗方法为患者提供更多的治疗选择，使得患者能够更加有效地对抗癌症。

与传统的治疗手段相比，感光化合物疗法的优势明显。手术治疗可能会对人体造成巨大的伤害，而放疗和化疗虽然是常用的治疗方法，但会伤及正常细胞，导致许多难以忍受的副作用。此外，放疗和化疗难以区分哪些细胞是敌人，哪些是朋友，因此无法针对癌细胞进行精确的治疗。在这种情况下，感光化合物疗法成为一种理想的选择。

虽然感光化合物疗法在实验中已经证明了其有效性和安全性，但该技术还处于早期发展阶段，需要经过临床有效性和安全性评估。因此，这需要实验室、企业和监管部门的共同努力，需要大量时间和精力的投入。

尽管如此，感光化合物疗法的高效性、安全性和普适性，将为人类提供一种新型的治疗手段，帮助我们更好地应对癌症。正如科学家们所言："感光化合物疗法是征服癌症的新型手术刀。"这一技术的发展将为人类健康带来新的希望和机遇。

69

APL 患者的福音：
发现 ATO 和 ATRA 临床治疗作用

- **发现时间** 20 世纪七八十年代
- **用　　途** 治疗急性早幼粒细胞白血病
- **代表人物** 张亭栋、王振义
- **所获荣誉** 2020 年"生命科学奖"

2020 年 9 月 6 日，未来科学大奖获奖名单公布。其中，"生命科学奖"授予了张亭栋和王振义，表彰他们分别发现了三氧化二砷和全反式维甲酸对急性早幼粒细胞白血病的治疗作用。

急性早幼粒细胞白血病（APL）是临床表现最凶险的一种白血病类型，曾经令全世界的血液病医生束手无策。早幼粒细胞也叫前骨髓白血球，是各种血细胞产生过程中的一个中间形态，正常人体内仅存在于骨髓中。大部分 APL 患者身上带有的某种基因缺陷（15 号、17 号染色体易位），导致他们身体中白血球的分化和成熟发生异常，骨髓和外周血中的早幼粒细胞大量增加。而过剩的早幼粒细胞会导致人体出现一系列凝血功能异常，极易发生内出血和微血栓。在有效的治疗方案诞生前，大量患者因此失去生命，平均中位生存期仅有 12.6 个月。

20 世纪 70 年代，张亭栋及其同事的研究首次明确三氧化二砷（ATO，俗称砒霜）可以治疗急性早幼粒细胞白血病。1996 年，中国学者陈竺和张亭栋在世界著名学术刊物《血液学》上发表文章，阐明 ATO 诱导白血病细胞凋亡的初步机理。

20 世纪 80 年代，王振义和同事们首次证明全反式维甲酸（ATRA）对 APL 有显著的治疗作用。他的成果为 APL 的分化诱导疗法开辟了道路。ATRA 是一种维生素 A 的衍生物，与其他化疗药物不同的是，它的作用机理并非直接摧毁引发人体异常的早幼粒细胞，而是将其分化诱导为白细胞，再像普通白细胞一样凋亡。

张亭栋和王振义等人的开创性成果，令 ATO 及 ATRA 在我国的规范化临床应用成为可能，国内 APL 患者治疗五年后的生存率也达到了世界领先的 90%。目前，APL 已成为基本不用造血干细胞移植即可治愈的白血病。他们的工作在国际上同样得到了验证和推广，ATO 和 ATRA 已成为当今全球治疗 APL 白血病的标准药物，拯救了众多患者的生命。

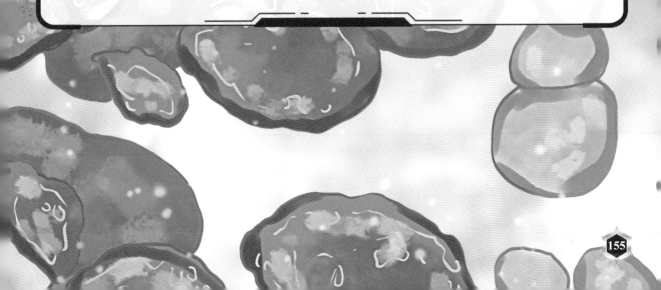

70

培育人体器官成为可能：
完成世界首例人－猴嵌合体胚胎

刊发时间	2021 年 4 月 15 日
研究团队	中美科学家团队
潜在用途	器官移植
操作方法	将人类 EPS 细胞注入食蟹猕猴的胚胎中

2021 年 4 月 15 日，顶级学术期刊《细胞》刊发了由中美研究团队带来的一项爆炸性研究成果，两国科学家完成了世界首例人－猴嵌合体胚胎试验。

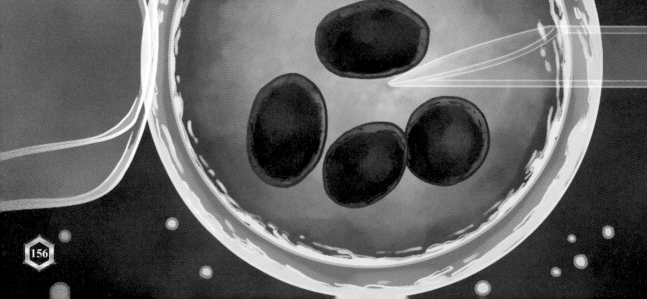

中美科学家团队将人扩展多能性干细胞（人 EPS 细胞）注入食蟹猕猴的胚胎中，最终培育出 132 个嵌合体胚胎。这些胚胎中的大约一半在 13 天后仍然存活，但随后生存率便急剧下降。到 19 天时，仅有 3 个胚胎仍保有生命迹象；20 天时，注入的嵌合体胚胎全部死亡。此后，研究团队终止了实验，并没有嵌合体胚胎被真正移植到人或者猕猴的子宫中。

人扩展多能性干细胞来源于体细胞，并非人体胚胎组织，获得过程无须伤害人类胚胎，因此避免了伦理问题。同时，治疗过程中也可以利用患者自身的体细胞，因此移植过程不会引发不必要的免疫反应。

嵌合体是发生在动物生殖发育领域的一种特殊现象，简单来说，嵌合体就是来自不同胚胎的细胞融合在一起，并最终发育为一个个体的现象。嵌合体在高等动物中极为少见，在较为低等的昆虫纲和甲壳纲生物中则偶尔能够观察到，而跨物种的嵌合体则几乎只存在于实验室中。

猕猴

目前，与人－猴嵌合体胚胎类似的研究已经有人－猪、人－牛、人－羊、人－鼠嵌合体等，但人与灵长类动物的嵌合胚胎研究此前一直没有成功的先例。

这项研究最大的潜在用途就是器官移植。中国每年因终末期器官衰竭而等待器官移植的患者有 30 万例左右，但最终完成器官移植的仅有 1 万到 2 万例。造成这种差距最主要的原因就是器官供体十分有限。因此，科学家长期以来一直试图体外培育人类器官，以解决器官移植供体不足的难题。

也许有一天，我们可以利用嵌合体胚胎在较短的时间内培育出人体所需的器官，甚至提前制成各种器官以供紧急情况使用。

71

"喝西北风"有望成真：
二氧化碳变淀粉

以二氧化碳为原料，不依赖植物光合作用，人工合成淀粉一直是人类的美好梦想，2021年9月中国科学家将这一理想变成了现实——来自中国科学院天津工业生物技术研究所的科研团队在实验室里首次实现了二氧化碳到淀粉分子的全合成。

时　　间	2021年9月
特　　点	步骤少、效率高、速度快
地　　位	被誉为"影响世界的重大颠覆性技术"
研制单位	中国科学院天津工业生物技术研究所

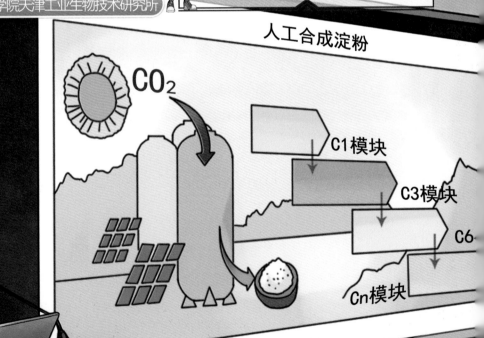

人工合成淀粉

CO_2

C1模块

C3模块

C6

Cn模块

淀粉是人类粮食的主要成分，是养活全球人口最重要的食物原料。大自然生产淀粉，主要是靠小麦、玉米等农作物通过光合作用固定二氧化碳，涉及约60步代谢反应以及复杂的生理调控，理论能量转化效率仅为2%左右。此外，农作物种植通常需较长周期，需要大量土地、淡水等资源和肥料、农药等农业生产资料，并有遭受各种自然灾害的风险。

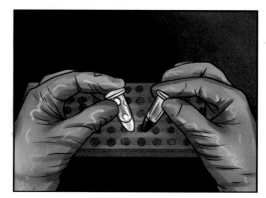

人工合成淀粉

人工合成淀粉是科技领域一个重大课题，吸引了多国科学家深入探索，但一直未取得实质性突破。此次研究中，我国科研人员用一种类似"搭积木"的方式，从头设计、构建了11步反应的人工合成淀粉新方法，并且通过核磁共振等检测发现，人工合成淀粉分子与天然淀粉分子的结构组成一致。

据研究团队介绍，人工合成淀粉的速率是玉米自然淀粉合成速率的8.5倍。在能量充足的条件下，按照目前的技术参数推算，理论上1立方米大小的生物反应器年产淀粉量相当于我国3 000多平方米玉米地的年产淀粉量。

当今世界面临全球气候变化、粮食安全、能源资源短缺、生态环境污染等一系列重大挑战，而二氧化碳的转化利用与粮食淀粉工业合成，正是应对挑战的重大科技成就之一。

人工合成淀粉技术的优点如此之多，相信大家都希望这项技术能够被快速用到实际生活中。

虽然目前科学家已经在这项技术上取得了重大突破，但不得不说，要想让这项技术被广泛应用，还有不少问题需要解决，比如能量问题。人工合成淀粉的过程需要大量的能量支撑，根据科学家的初步计算，只有二氧化碳到淀粉合成的电能利用效率再提高数倍，同时淀粉合成的碳素转化率再提高数十倍，人工合成淀粉才能同大自然生产的淀粉相仿。

相信随着科技的发展，科学家会采用更多的先进技术解决人工合成淀粉的能量需求，比如同样走在科技前沿的"液态阳光"技术，未来就有望成为人工合成淀粉能量供给的主力。

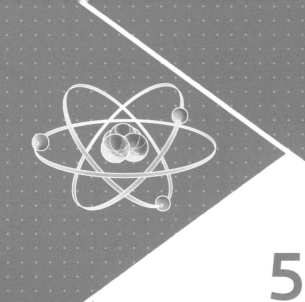

5

材料装备基础研究

72

消灭微观世界图像上的一个空白点：
发现反西格玛负超子

类　　别	粒子物理学
发现时间	1959 年
发现地点	苏联杜布纳联合核子研究所
代表人物	王淦昌

1956 年 9 月，我国著名科学家王淦昌前往苏联杜布纳联合核子研究所担任研究员。他的主要研究领域是基本粒子物理学。1959 年，王淦昌通过观察 4 万对底片，发现了一个产生反西格玛负超子的事件，引起了国际学术界的轰动。

王淦昌的研究具有重大的意义，它为后来的粒子物理学研究提供了重要的方向和思路，也为中国在粒子物理学领域的研究打下了坚实的基础。

反西格玛负超子是粒子物理学的一个研究对象，属于反物质。粒子物理学主要研究组成物质的基本粒子以及它们之间的相互作用。物质包括从宇宙星体到原子内部的广大物质世界，而相互作用的形式包括电磁力、强力、弱力以及引力。粒子物理学的研究对了解物质的本质和宇宙的起源、演化具有重要的意义。

换句话说，粒子物理学致力于寻找一系列物质世界中最基本问题的答案。它可能不像很多应用科学一样，很快就能找到与日常生活的契合点，从而迅速造福人类，但它决定了人类认识客观世界的视野边际，实际上也决定了人类科技水平所能达到的上限。即便看上去"没什么大用"，但只有先认识规律才能利用规律。

反物质是物质的对应物，二者物理性质相似，但是所有的量子数都正好相反。如电荷，电子带有一个负电荷，与电子对应的反物质"反电子"，或者说"正电子"带有一个正电荷。对于每一种粒子而言，都存在对应的反粒子，这两种粒子性质相同，只有电荷是不同的。反西格玛负超子正是这样的一种反粒子。

反西格玛负超子的发现，丰富了人类对粒子和反粒子对称性以及物质微观世界的认识，当时就有科学家认为"其科学上的意义仅次于正电子和反质子的发现"。在完成这一重大发现的过程中，王淦昌一直发挥关键的主导作用。在他丰富的物理思想、严谨细致的治学作风的指导和影响下，科研小组合作设计实验方案，细致严密地观察和分析，最终确定了新粒子的发现。

73

激光技术创造辉煌：
"小球照明红宝石"
激光器诞生

时　间	1961 年 8 月
地　位	中国首台激光器
代表人物	王之江
研制单位	中国科学院长春光学精密机械研究所

1961 年 8 月，中国第一台激光器——"小球照明红宝石"激光器，在中国科学院长春光学精密机械研究所诞生了。它仅仅比世界上第一台激光器的问世迟了一年的时间，而且在许多方面有自身的特色，特别是比国外激光器具有更好的激发效率，这表明我国激光技术当时已达到世界先进水平。

激光是透过刺激原子导致电子跃迁释放辐射能量而产生的增强光子束。它的英文名"Laser"一词是英语"Light Amplification by Stimulated Emission of Radiation"的缩写，意为"透过受激辐射产生的光放大"。其特点包括发散度极小、亮度（功率）很高、单色性好、相干性好等。产生激光需要激发来源、增益介质、共振结构这三个要素。

红宝石激光是固态激光的一种，以红宝石为介质产生。红宝石激光产生波长 694.3 nm（纳米）的可见光脉冲，颜色为深红色。1960 年 5 月 15 日，美国加利福尼亚州休斯实验室的科学家梅曼宣布获得了波长为 0.694 3 微米的激光，这是人类有史以来获得的第一束激光，梅曼因而也成为世界上第一个将激光引入实用领域的科学家。梅曼的方案是，利用一个高强闪光灯管来刺激红宝石，当红宝石受到刺激时，就会发出一种红光。在一块表面镀上反光镜的红宝石上钻一个孔，使红光可以从这个孔溢出，从而产生一条相当集中的纤细红色光柱，以便导出红宝石激光。当它射向某一点时，可使其达到比太阳表面还高的温度。同年 7 月，梅曼宣布发明了世界上第一台激光器。

一年后，在条件极其艰苦的情况下，中国科学家紧跟时代脚步，发明了中国自己的红宝石激光器。这台激光器的设计师是王之江教授，他也被称为"中国激光之父"。

尽管诞生在美国之后，但中国的红宝石激光器并不是简单的仿制，而是有自己的创新之处。它的一些独特结构——球形照明器、直管氙灯以及外腔结构等，使得激光器的性能更加优越、效率更高，只需要很小的能量就可以实现激光输出。这是中国科学家发挥聪明才智的创新成果，其理念很快得到了国际同行的认可并被效仿采用。

74

现代工业制造的母机：
首台万吨水压机

研制时间	1958 年
制成时间	1962 年
代表人物	沈鸿
用　　途	制造重型机器金属零件

1961 年 11 月，我国自行设计制造的首台万吨水压机开始总安装；1962 年 6 月，万吨水压机建成并正式投入生产。这台水压机的建成，是中国重大技术装备尝试从仿造走向自行设计制造的一个标志。

上　海
江南造船厂
1961年

锻造是一种非常常见的金属加工方式，我们经常可以在各种短视频中看到将金属零件加热烧红后，通过锻造方式对其进行加工的场面。零件锻造后，原材料中存在的孔洞等缺陷会在压力和冲击的作用下被消除，零件就会拥有非常优秀的力学性能，更加结实耐用。

不过在生产中，很多时候需要锻造加工的零件非常巨大，比如轮船的发动机主轴、水电站发电机的大型齿轮等。这个时候，就需要利用非常巨大的锻造设备了。万吨锻造水压机，就是一种这样的大型设备。它的锻造压力可以达到1万吨，压力通过密封在管道内的水来进行传递。

水压机是冶金、核电、石油化工、国防工业等众多行业压制特大锻件的设备，它就像一个巨大的揉面机，数百吨不同材质的钢锭到它那里，就如同小面团一样被揉成需要的形状。没有它，飞机、轮船、核电站等需要的"大""特"部件都生产不出来。可以不夸张地说，水压机就是现代工业制造的"母机"。

中华人民共和国成立后，电力、冶金、重型机械和国防工业等行业迅速复苏，国家经济建设发展的紧迫性令大型锻件的需求猛增。而国内当时仅有的几台中小型水压机根本无法锻造大型锻件，这类零件只能依靠从国外高价进口，远远不能满足国家的建设需求。

1958年，为了彻底改变大型锻件依赖进口的局面，中央有关部门研究后决定，白手起家制造中国第一台万吨水压机。经过艰苦奋战，1961年，首台万吨水压机终于问世。这台水压机足足有六层楼高，机身上1961的标志纪念着它出生的年代。它像一个"钢铁巨人"，炽热的钢锭送进去，在巨大的压力下，顺利地完成了拔长、镦粗、切断等操作工序……60多年过去了，它依然在运转着。在它的身旁，如今仍然安置着"万吨重担万人挑，泰山压顶不弯腰"的红色横幅。

"要掌握发展的主动权，摆脱这种依赖进口的局面，就一定要有中国自己的工业母机。"万吨锻造水压机就是这样的一部工业母机，利用它生产出的各种大型零件，投用在国防、水利、航空、航天等工业领域，为社会主义建设作出了重大的贡献。而它的诞生也将成为新中国工业史上一段永恒的记忆。

75

筛法的光辉顶点：
陈氏定理

类　　别	数论
发表时间	1966 年
发表人物	陈景润
所获荣誉	国家自然科学奖一等奖

陈景润主要研究解析数论，1966 年发表《表达偶数为一个素数及一个不超过两个素数的乘积之和》（简记为"1+2"），成为哥德巴赫猜想研究史上的里程碑。而他所发表的成果也被称为"陈氏定理"。这项工作还使他与王元、潘承洞在 1982 年共同获得国家自然科学奖一等奖。

$$N(\sigma, T) = 0.$$
$$N(\sigma, T) = O(T^{\frac{\gamma}{(1-\sigma)}})$$

陈景润是我国著名数学家，他的主要成就是陈氏定理，这是他用半生时光，致力于研究哥德巴赫猜想的成果。

哥德巴赫猜想是数论中存在最久的未解问题之一。这个猜想最早出现在 1742 年普鲁士数学家克里斯蒂安·哥德巴赫与瑞士数学家莱昂哈德·欧拉的通信中。用现代的数学语言，哥德巴赫猜想可以陈述为：任一大于 2 的偶数，都可表示成两个素数之和。

1919 年，挪威数学家布朗提供了一种证明的思路。他使用推广后的"筛法"证明了：所有充分大的偶数都能表示成两个数之和，并且两个数的素因数个数都不超过 9 个。这个结论也被叫作"9+9"。按照布朗的思路，如果最终可以将素因数的个数缩减至 1 个，即最终证明"1+1"，那么也意味着证明了哥德巴赫猜想。

1966 年，陈景润给出了有关"1+2"的证明；1973 年，陈景润给出了"1+2"的详细证明，同时改进了 1966 年研究的数值结果。现今数学家们普遍认为，陈景润使用的方法已经将筛法发挥到了极致，以筛法来证明最终的"1+1"的可能性已经很低了。数学界的主流意见认为：证明关于偶数的哥德巴赫猜想，还需要新的思路和新的数学工具，或者在现有的方法上进行重大的改进。

1978 年，作家徐迟发表报告文学《哥德巴赫猜想》，引发全国轰动，让数学家陈景润成为家喻户晓的人物，激发了无数人的科学热情。

从 1978 年开始，陈景润重点从事培养硕士及博士研究生的工作。1980 年，他当选中国科学院数学物理学部委员。他的事迹感染和激励了整整一代中国人。

76

东方的"人造太阳"：
托卡马克实验装置

类　别	核聚变研究
用　途	研究磁约束核聚变实验
突　破　点	中国环流器二号M（HL-2M）装置成功放电
建造单位	中国核工业集团西南物理研究院

1984年，隶属中国核工业集团公司的西南物理研究院（简称"核西物院"）建成了我国首座受控核聚变托卡马克大科学装置——中国环流器一号（HL-1），之后陆续建造了中国环流器新一号（HL-1M）、中国环流器二号A（HL-2A）以及中国环流器二号M（HL-2M）等多座托卡马克实验装置。它们都被称为"人造太阳"，承载着人类能源新梦想。

万物生长靠太阳，而太阳的能量则来自核聚变。其实，核聚变并不神秘，只要将氢的同位素氘和氚二者的原子核无限接近，使其发生聚变反应，就能释放出巨大能量。然而，原理看似简单，但要让聚变反应持续可控，可以说是难于上青天。但如今，利用巨型核聚变环形"魔兽"——托卡马克，让核聚变能量为我们所用，已有了可能。

那么，托卡马克是什么呢？"托卡马克（Tokamak）"这个名字是由环形（toroidal）、真空室（kamera）、磁（magnet）、线圈（kotushka）组合而成的。它的中央是一个环形的真空室，外面缠绕着线圈。在通电的时候，这个装置内部会产生巨大的螺旋型磁场，将其中的等离子体加热到很高的温度，创造氘、氚实现聚变的环境，并实现人类对核聚变反应的控制。

2020 年 12 月 4 日下午，在成都西南角的核西物院大厅中央的巨型屏幕上，一道电光闪过，稍作间歇又是一道，频繁闪烁……中国环流器二号 M（HL-2M）装置成功放电！这标志着我国新一代先进磁约束核聚变实验研究装置已经建成并正式投入运行。中国环流器二号 M（HL-2M）装置的建成，表明我国掌握和拥有了大型托卡马克装置的设计、建造、运行的经验和技术，有助于提升我国核聚变能源领域的自主创新能力。

2023 年 8 月，中国环流三号（即中国环流器二号 M）成功实现了 100 万安培等离子体电流下的高约束运行模式，标志着我国磁约束核聚变装置运行水平迈入国际前列。同年 12 月，核西物院与国际热核聚变实验堆（ITER）项目总部签署协议，宣布新一代"人造太阳"中国环流三号面向全球开放，邀请全世界科学家来中国集智攻关，共同追逐"人造太阳"能源梦想。2024 年，首轮国际联合实验吸引了包括法国原子能委员会、日本京都大学等全球 17 家知名科研院所和高校参与，本轮实验在国际上首次发现并实现了一种特殊的先进磁场结构，对提升核聚变装置的控制运行能力具有重要意义。

时 间	事 件
1984 年	建成中国环流器一号（HL-1）
1994 年	建成中国环流器新一号（HL-1M）
2002 年	建成中国环流器二号 A（HL-2A）
2020 年	建成中国环流器二号 M（HL-2M）

77

探秘宇宙、惠及民生的"巨龙"：
兰州重离子加速器

类　别	重离子物理
建成时间	1988 年末
用　途	加速质子或比 α 粒子重的离子
所获荣誉	国家科技进步奖一等奖

1976 年 11 月，兰州重离子加速器建造计划得到原国家计委批准。历经十二载寒暑，终于在 1988 年岁末建成。这是我国第一台大型重离子加速器，也是继法国、日本之后建成的国际上第三台大型重离子回旋加速器。1992 年，这一重大成果摘得国家科技进步奖一等奖。

重离子加速器专门用来加速质子或比α粒子重的离子。通过重离子加速器的加速后，重离子可以达到接近光速的高速状态。而大量的高速重离子能够形成重离子束，用于开展重离子物理研究和进行肿瘤的放射线疗法。作为目前国际上运行的三大常温重离子回旋加速器之一，兰州重离子加速器至今已运行 30 多年。

为使中国重离子物理研究尽快走向国际核物理研究前沿，1972 年，时任中国科学院近代物理研究所所长的杨澄中与一众科学家凭借前瞻思维和战略眼光，提出在兰州建造一台大型分离扇重离子回旋加速器。当时国际上重离子物理研究才刚起步，我们的起步并不算晚，但在一穷二白的基础上进行如此高难度的研究，遇到的艰辛困苦可想而知。

近年来，兰州重离子加速器不仅在基础研究领域产出丰厚，相关成果应用也是多点开花。例如卫星及其携带的电子设备，不可避免地会暴露在充满高能粒子的空间辐射环境中，这将严重威胁航天器在轨安全。而兰州重离子加速器可以开展航天元器件地面检测和评估工作，成为航天器上天之前的训练中心。依托兰州重离子加速器大科学装置，科研人员建造了具有国际一流技术指标的单粒子效应地面模拟装置，更好地为中国航天元器件保驾护航。

加速器加速科技进步，重离子重在造福人民。重离子是高能粒子，可以用于癌症的放射疗法，也就是我们常说的放疗。1993 年以来，中国科学家在重离子束治疗相关生物学基础研究以及临床前期试验中取得大量成果，成为基础研究促进科技发展、大科技装置造福社会的典范。

78

超级粒子"大炮"：
北京正负电子
对撞机

建设时间	1984 年
建成时间	1988 年
地　　位	中国首台高能粒子加速器
所获荣誉	国家科技进步奖特等奖

北京正负电子对撞机是中国第一台高能粒子加速器，始建于 1984 年，位于北京西郊八宝山东侧。它主要用于高能物理研究，同时也可进行同步辐射、中能核物理、慢正电子等实验，是一台具有国际先进水平的对撞机。

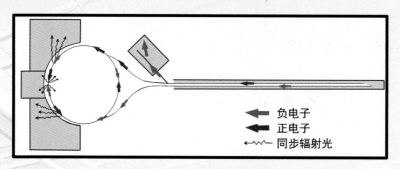

负电子

正电子

同步辐射光

北京正负电子对撞机示意图

1973 年中国科学院高能物理研究所成立后，曾提出并由中央批准了高能加速器预研基地建设计划和 50GeV（十亿电子伏特）质子同步加速器计划，但因各种原因而停止。

1981 年 12 月，中央批准了预制对撞机方案；1983 年，国务院批准建立北京正负电子对撞机。

北京正负电子对撞机由电子注入器（电子直线加速器）、输运线、储存环、北京谱仪（BES）与同步辐射装置（BSRF）等部分组成。工程于 1984 年动工，1988 年即正式建成并成功实现了正负电子对撞，成为在 2 到 5GeV 能区中具有当时世界先进水平的对撞机。1990 年，工程获国家科技进步奖特等奖。同年，成立北京正负电子对撞机国家实验室。

北京正负电子对撞机实现了"一机多用"，包括高能物理实验运行、同步辐射专用光实验与兼用光三种运行模式。兼用光模式使得在高能物理实验的同时能做出同步辐射实验。它的建成和对撞成功，为中国粒子物理和同步辐射应用研究开辟了广阔的前景，揭开了中国高能物理研究的新篇章。

1999 年，北京正负电子对撞机实施了重大改造工程。改造工程采用先进的双环交叉对撞技术，在原有的储存环中新增一个储存环，同时正负电子对撞束团数由 1 对增至 93 对，亮度提高 30 倍以上。改造工程总投资达 6.4 亿元，于 2009 年正式完工。

改造后的北京正负电子对撞机是世界上最先进的双环对撞机之一，在粲物理能区中处于国际领先水平。

79

高温合金技术的发展：
第一个铁基高温合金诞生

类　　别	工业材料
研制时间	20世纪50年代末
特　　点	耐高温、抗氧化、抗热腐蚀
用　　途	多用于航空发动机耐高温材料的制造

高温合金又叫热强合金、超级合金，是一种能在600℃以上的高温及一定应力作用下长期工作的金属材料。对于航空发动机、汽轮机上所需的叶片、燃烧室等部件，高温合金几乎是唯一能够胜任的材料。

高温合金具有优异的高温强度、良好的抗氧化和抗热腐蚀性能，这也是它们能够适用于高温高应力场景下的主要原因。此外，高温合金还具有良好的疲劳性能、断裂韧性等综合优势。

高温合金按基体组织材料可分为三类：铁基、镍基和钴基。我国结合自身资源条件，于20世纪50年代末开始研制铁基高温合金，发展出一系列Fe-Ni-Cr系固溶强化型、沉淀强化型的高温合金，如GH140、GH130、GH135、K13、K14等。

高温合金按生产方式可分为铸造高温合金、变形高温合金和粉末高温合金。按强化机理可分为碳化物强化、固溶强化、时效强化和弥散强化。

中国铁基高温合金的发展可概括为三个阶段，分别是模仿、发展和创新。1956年至1970年，仿制苏联、欧美的高温合金，研制出第一种国产高温合金GH3030；1971年至1990年，自主开发和改进高温合金，形成了"GH"系列的变形高温合金和"K"系列的铸造高温合金；1991年至今，引进和消化吸收国外先进技术，研制出定向结晶叶片、单晶叶片、粉末冶金涡轮盘等高性能部件。

高温合金一般用于航空发动机耐高温材料的制造，特别是喷气发动机最后两级压气机和最初两级涡轮叶片、燃烧室、加力燃烧室、涡轮盘及紧固件的制造。

目前市场需求主要来自军用领域，由于其军工价值，高温合金也被视为战略物资，高温合金的贸易管制等级与武器贸易相同。高温合金具体的配方与制造方法、加工使用都是重要机密，各航空大国都是在极其保密的条件下研制的。

中国高温合金技术在各先进国家中起步较晚，同时面临着最为严格的技术封锁。但中国的科学工作者和工程技术人员仍然在非常困难的条件下，完成了铁基高温合金从无到有、性能从低到高的转变。目前，中国高温合金正在快速接近世界先进水平。

80

铁基超导的中国突破：
发现 40K 以上的
铁基高温超导体

类　　别	工业材料
时　　间	2008 年 3 月
研究单位	中国科学院物理研究所
所获荣誉	国家自然科学一等奖

2014 年初，空缺三年的国家自然科学一等奖等来了它的新主人——"40K（开尔文，温度单位）以上铁基高温超导体的发现及研究"，这是铁基超导的中国突破。

超导指的是某些材料在温度降低到某一临界温度以下时，电阻突然消失的现象，具备这种特性的材料为超导体。探索新的高临界温度超导体是各国科学家长期以来追求的目标。铁基超导体是指化合物中含有铁，在低温时具有超导现象，且铁扮演形成超导主体的材料。科学家曾普遍认为超导性与铁磁性可能无法共存，材料中如果加入磁性元素（如铁、镍）会大大降低超导性。

　　2008 年 3 月 28 日，中国科学院物理研究所赵忠贤院士领导的科研小组报告，氟掺杂镨氧铁砷化合物的高温超导临界温度可达 52 K（零下 221.15℃）。4 月 13 日，该科研小组又有新发现：氟掺杂钐氧铁砷化合物假如在压力环境下产生作用，其超导临界温度可进一步提升至 55 K（零下 218.15℃）。此外，中科院物理所闻海虎领导的科研小组还报告，锶掺杂镧氧铁砷化合物的超导临界温度为 25 K（零下 248.15℃）。

　　从此研究铁基超导体便在世界上形成一股热潮。铁基超导体虽然含有铁元素且是产生超导的主体，但是铁和其他元素（如砷、硒）形成铁基平面后，已不再具有铁磁性。因此尽管铁基超导体的临界温度只有数十 K，但研究铁基超导体可能有助于了解高温超导的机制。

　　铁基高温超导体的发现是继铜氧化物高温超导体之后超导领域最重要的进展。中国科学院物理研究所的科研团队在长期积累的基础上做了大量的原创性工作，取得了突破性进展，赢得了国际学术界的广泛认可，引领和推动了铁基超导及相关领域的研究和发展，激发了世界范围内新一轮高温超导研究的热潮。

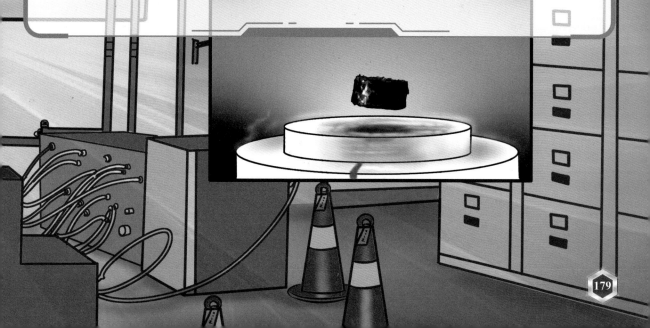

81

世界唯一：
深紫外全固态激光技术

类　别	工程技术
地　位	世界唯一
研究单位	中国科学院理化技术研究所
成　果	成功研制 8 台深紫外固态激光源前沿装备

中国科学院理化技术研究所（简称"理化所"）专家团队自 20 世纪 90 年代初就开始研究深紫外非线性光学晶体和激光技术，经过 20 多年的努力，成功研制出深紫外激光拉曼光谱仪等 8 台前沿设备，是当今我国独有的科研利器。

深紫外全固态激光源指输出波长在 200 纳米以下的固体激光器，具有高的光子流通量 / 密度、好的方向性和相干性等特点。

中国科学家团队首次生长出大尺寸、高质量的深紫外非线性光学晶体——氟代硼铍酸钾（KBBF）晶体，并发明棱镜耦合专利技术，率先发展倍频产生深紫外激光的先进技术，创建了深紫外全固态激光源研发平台，使中国成为当今世界唯一掌握深紫外全固态激光技术的国家。中国科学院的棱镜耦合器已获中、美、日专利，使我国成为世界上唯一能够研制实用化、精密化深紫外固态激光源的国家。

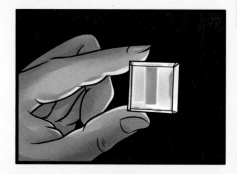

KBBF 晶体

氟代硼铍酸钾晶体是一种非线性光学晶体材料，能够将激光转化为史无前例的 176 纳米波长（深紫外）激光，从而可以制造出深紫外固体激光器。它是中国科学家在本土完成的世界级应用物理成果。

在此基础上，中国科学家利用独创技术和独有光学晶体，已成功研制出深紫外激光拉曼光谱仪、深紫外激光发射电子显微镜等 8 台深紫外固态激光源前沿装备，均为当今世界所独有的科研利器，居于深紫外领域国际领先地位。

此外，中科院在成功研制 8 台重大仪器设备的同时，还搭建有深紫外非线性晶体和器件研制平台、深紫外固态激光器研发平台和深紫外应用仪器开发平台，核心器件深紫外晶体及器件已实现小批量生产，为仪器设备后续发展尤其是产业化工作奠定了基础。

深紫外固态激光技术的突破是中国新型科学仪器研发的难得机遇，它证明中国完全可以在工程技术领域实现引领世界的成就。

目前，中科院正在致力于相关成果的产业转化，将中国科学家的创造力真正转化为经济效益。8 台仪器设备中技术成熟、具有市场潜力的设备，已经被发展为商品化仪器设备，成为推动中国高端科学仪器产业化的开路先锋。

82

物理学家的殿堂：
中国锦屏极深地下暗物质实验室

地　　位	中国首个极深地下实验室
使用时间	2010 年 12 月 12 日
建设地点	四川省凉山彝族自治州
用　　途	探测暗物质

在位于四川凉山彝族自治州的锦屏山下，在覆盖着 2 400 多米岩石的极深地下，中国首个极深地下实验室里的大型暗物质探测器日夜运转，科学家们正在捕捉暗物质存在的最直接证据，不断刷新对暗物质粒子性质的限制纪录，为人类探索自然界奥秘贡献中国力量。

暗物质问题是现代宇宙学的核心问题之一。对于暗物质存在的宇宙学观测和推演，无疑是二十世纪最伟大的科学发现之一，而对于暗物质存在的直接测量和甄别，则成为现今最重要和最具挑战的科学目标。

现代科学已经从多个方面印证了暗物质的存在，可是由于暗物质的特殊性，科学家一直没能探测到。当前，暗物质探测的路径主要分为三种，用一句话来总结，就是"上天入地对撞机"。

"上天"是指发射空间望远镜测量宇宙射线中的电子能谱。暗物质粒子的湮灭会产生高能电子射线，与已知电子射线源产生的能谱会不一样，所以电子能谱的奇异行为会间接证明暗物质的存在。这是一种间接测量方法，我国在 2015 年发射升空的"悟空"号空间科学卫星就是这类探测的代表。"入地"是指建立极深的地下实验室，在极深地下实验室中寻找暗物质粒子打到探测器后留下来的信号。这是一种直接的暗物质探测方法，如我国在四川锦屏山极深地下隧道的合作组探测器 CDEX（中国暗物质实验）和 PandaX（粒子和天体物理氙探测器"熊猫"），就是用这种方法，而且获得了目前世界上最高灵敏度的结果。"对撞机"是指直接利用大型高能对撞机去对撞产生暗物质粒子，再进行测量。这种方法模拟的是宇宙早期环境产生暗物质粒子，而宇宙早期能量极高，所以对撞机需要很高的能量，即使产生了暗物质粒子，也要想办法用探测器才能探测到。

中国锦屏极深地下暗物质实验室于 2009 年 5 月启动建设，实验室一期工程于 2010 年 12 月正式投入使用。实验室二期于 2014 年 11 月正式开工，2016 年底主体岩土挖掘工程完工。2019 年 7 月，中国锦屏地下实验室正式启动了作为国家重大科技基础设施项目的建设。2023 年，中国锦屏地下实验室二期极深地下极低辐射本底前沿物理实验设施建成投入运行。2023 年 12 月，清华大学 CDEX、上海交通大学 PandaX、中国原子能院 JUNA、清华大学 JNE、生态环境部·北师大联合实验室、四川大学 GeoDEX、华西深地医学 China-DeUFO、工信部电子五所 IC SER、引力波宇宙太极实验、武汉岩土所共 10 个实验项目组正式进驻锦屏大设施开展科学实验，这标志着世界最深、最大的极深地下实验室正式投入科学运行。

虽然我国科学家在暗物质探测上起步较晚，但是已经形成了"天上地下"暗物质探测的完整体系：在天有"悟空"卫星，在地有中国锦屏地下实验室的 CDEX 和 PandaX，并且这些实验都取得了国际上领先的成果，形成了非常强的国际竞争力。各国的暗物质探测实验科学家们都在抓紧时间提高探测器的灵敏度，以期能够成为第一个发现暗物质的人，让我们为科学家们尤其是中国的科学家们加油喝彩！

83

宇宙的"户籍警察"：
郭守敬望远镜

建设地点	河北省承德市
研制单位	中国科学院国家天文台
全 称	大天区面积多目标光纤光谱天文望远镜
突破点	可长时间跟踪观测大天区范围内 4000 个目标光谱

　　大天区面积多目标光纤光谱天文望远镜（简称 LAMOST），是我国在国家天文台兴隆观测站建设的一座大型天文望远镜，位于河北省承德市。2010 年 4 月 17 日，为了纪念我国古代杰出的天文学家郭守敬，大天区面积多目标光纤光谱天文望远镜被正式冠名为"郭守敬望远镜"。

郭守敬望远镜由光学系统、机械结构系统、控制系统、光纤系统、光谱仪和 CCD 系统、计算机集成和观察室共 7 个子系统构成。

郭守敬望远镜和传统天文望远镜的不同之处是，它可以对较大的天区范围（20 平方度）内的 4 000 个目标的光谱进行长时间的跟踪观测，例如可以在 1.5 小时曝光时间内以 1 纳米的光谱分辨率观测到暗达 20.5 等的天体。

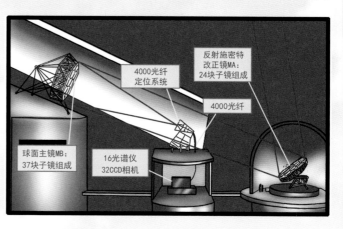

LAMOST 示意图

该项目由中国科学院提出，得到了天文界广泛的支持，经过反复论证，于 1996 年被列入国家重大科学工程项目。项目于 2008 年 10 月 16 日建成，2009 年 6 月 4 日通过国家竣工验收。

郭守敬望远镜在大规模光学光谱观测和大视场天文学研究方面，居于国际领先地位，它的研究课题包括宇宙演化及宇宙大尺度结构、星系演化问题、活动星系核、星系团、奇特天体的发现、各类恒星的光谱和恒星演化问题等。

郭守敬望远镜每夜能观测上万个天体的光谱，在河外光谱巡天方面，它可以同时观测 107 个星系，这对大尺度宇宙结构和星系物理等领域的研究作出了巨大贡献。在恒星光谱巡天方面，它可同时观测 107 颗恒星，从而回答星系结构及恒星物理等领域的难题。

不过，该望远镜的位置，距北京仅 100 多千米，处于大气和光污染程度较高的地区。因此它的选址并不理想，这也导致该站点每年仅有约 120 个晴朗的夜晚拥有较高的观测条件。

84

逐梦深蓝：
中国载人深潜

类　　别	深海勘探
成　　果	自主研制载人潜水器
突 破 点	坐底马里亚纳海沟
研制单位	中国船舶科学研究中心

2012 年 6 月 24 日，"蛟龙号"载人潜水器在马里亚纳海域进行的 7 000 米级海试第四次下潜试验中成功突破 7 000 米深度，标志着我国深海潜水器成为海洋科学考察的前沿与制高点之一。

2012 年 6 月，中国自主研发的载人潜水器"蛟龙号"在马里亚纳海沟成功下潜至 7 062 米，标志着我国具备了载人到达全球 99% 以上海洋深处进行作业的能力，但中国的载人深潜事业并没有止步于此。2020 年 11 月 10 日，三名"奋斗者"又乘坐"奋斗者号"冲向了地球海洋最深处，成功坐底马里亚纳海沟，下潜深度达 10 909 米，刷新了中国载人深潜纪录，表明中国载人深潜已达到世界领先水平。

"蛟龙号"载人深潜器设计的目标使用领域是 7 000 米的深海，这意味着它可以在全世界 99.8% 的海域中执行任务。"蛟龙号"长 8.2 米、宽 3.0 米、高 3.4 米，重量不超过 22 吨，有效载重 220 千克，可以搭载一名潜航员和两名科学家。从外观上看，"蛟龙号"主体为白色，上部和尾部为红色，可以看到声呐、机械臂、推进器等精密设备。在内部，"蛟龙号"有着结构、电力、推进、水声通信等 12 个分系统，各个系统间又有着千丝万缕的联系。

"奋斗者号"看上去像一条大头鱼，"肚子"被涂成了绿色，这是因为绿光在海水中衰减较小，便于研究人员在深海捕捉到它的身影。而头顶呈醒目的橘色，也是便于上浮到水面时能被母船快速发现。深海万米之处可谓是科研"无人区"，载人潜水器则是进入"无人区"的科考利器。"大头鱼"不仅涂装靓丽、灵动自如，而且可同时搭载三名潜航员和科学家下潜，作业能力覆盖全球百分之百的海域。

85

物理学研究皇冠上的明珠:
量子反常霍尔效应

类　　别	凝聚态物理
发现时间	2013 年
代表人物	薛其坤
所获荣誉	国家自然科学奖一等奖

　　2018 年度国家科技奖励大会于 2019 年 1 月 8 日在北京举行，清华大学、中国科学院物理研究所实验团队完成的"量子反常霍尔效应的实验发现"项目，获得该年度国家自然科学奖项中唯一的一等奖。

霍尔效应是电磁效应的一种，在被发现后的 100 多年里，霍尔效应在电力电子，特别是传感器等领域获得了广泛的应用。现代汽车上应用霍尔效应原理制成的霍尔器件包括汽车速度表及里程表、各种用电负载的电流检测及工作状态诊断、发动机转速及曲轴角度传感器、各种抗干扰开关等。

量子反常霍尔效应测量用的低温样品架和样品

量子霍尔效应是霍尔效应作用在微观世界时发生的现象，它的表现包括霍尔电阻位于平台的时候，导体自身的电阻消失等。实际上，此时导体内部的广阔区域中是没有电流通过的，电流只在导体的边缘流动。量子霍尔效应具有多种神奇而充满魅力的特点，但是它的产生需要依赖于外加强磁场的条件，因此缺乏实用性。试想，如果开发一枚具备量子霍尔效应的超导芯片，虽然其本身具有低发热、高速度等有益特点，但维持其运转可能要配备上一台冰箱一样大小的强磁场发生器，这是我们无法接受的。

那么，有没有一种材料可以不依赖强磁场就能产生量子霍尔效应呢？这种材料就是大名鼎鼎的拓扑绝缘体。自从 2007 年面世后，拓扑绝缘体在全世界吸引了堪比石墨烯的关注度。薛其坤教授和他的科研团队正是受其启发，将拓扑绝缘体和铁磁性材料有机结合，实现了低温下无需外加强磁场就能观测到的量子霍尔效应。为了体现区别，这种新的现象被称为量子反常霍尔效应。

量子霍尔效应提供了一种实现超高性能电子器件的可能途径，能够极大降低电路的发热程度，提高开关频率和运行速度。而中国科学家率先发现的量子反常霍尔效应，进一步摆脱了强磁场的桎梏，有条件实现器件的小型化，是物理学界近年来最重要的实验进展之一，引领了国际学术方向。如果能进一步解决相关的技术障碍，提高可用温度，有希望在未来进一步拓展应用场景。

86

"幽灵粒子"来到现实：
首次发现外尔费米子

时 间	2015 年 7 月
单 位	中国科学院物理研究所
代表人物	方忠
特 点	只有一个磁极且没有质量

2015 年 7 月 20 日，中国科学院物理研究所的研究团队公开宣布发现了外尔费米子，这一突破与美国科学团队几乎同一时间取得，但中国团队占据了最后的先机。中国科学家成功发现了"幽灵粒子"在国际上引起轰动。

外尔费米子的发现是物理学研究的一项重要科学突破，在国际上获得了很高评价。它对"拓扑电子学"和"量子计算机"等颠覆性技术的发展具有非常重要的意义。

中国科学院物理研究所

外尔费米子，这种具有神奇性质的粒子又被人们称为"幽灵粒子"。那么，外尔费米子，到底是一种什么样的粒子呢？科学家把基本粒子分为玻色子和费米子两大类，它们都是组成物质的基本粒子。1929年，德国数学家、物理学家赫尔曼·外尔预言了外尔费米子的存在。在那之后近100年间，这个奇特粒子一直仅存在于理论之中，始终是凝聚态物理最前沿的研究对象之一。

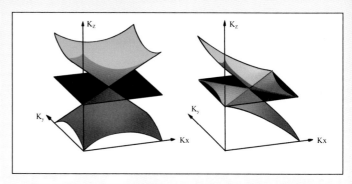

标准 I 型 Weyl 的费米子能态　　　新发现的 II 型 Weyl 的费米子

在寻找外尔费米子的将近一个世纪间，多国优秀团队都曾在这一领域留下自己的足迹，谁都想率先发现这种神奇的粒子。虽然它的存在得到了理论预言，但全球科学家却都难觅它的踪影。2010年后，竞争趋于白热化，直到2015年7月，中国科学家的成功发现让世界震惊。中国科学家从材料理论的预言到实验的观测，都扮演了主导角色，核心工作更是依靠自己独立完成，付出了大量的心血。

中国科学院物理研究所的专家用通俗的语言为我们解释了外尔费米子的特性："你可以将它想象成一个极小的、只有一个磁极的磁棒。"在自然界中，无论你将磁铁切割成多小，它始终都带有南北两个磁极，磁场在磁极之间流动。而作为仅有一个磁极且没有质量的粒子，外尔费米子能够完成诸多当前科技无法企及的任务。

外尔费米子的发现有望极大地推进下一代电子技术发展，它给智能手机等便携式电子设备带来的影响可能尤其显著。假如有一天能够成功商业化，利用外尔费米子研制的电池材料就可以实现充电电池性能的革命性突破，到那时智能电子设备待机时间短、电量消耗快等问题将不复存在。

87

科幻走进现实：
自驱动可变形液态金属机器问世

类　　别	工业材料
时　　间	2015 年 3 月
代表人物	刘静
突 破 点	实现了机械无须外部电力的自主运动

2015 年 3 月，我国科学家团队研制出一种仿生液态"金属机器人"，据说它在"吞食"少量"食物"后，就可以欢快地活跃 1 小时，而且这家伙在通电的时候还能改变形态。这打开了我们想象力的魔盒，将促成全新概念的机器人与智能技术的研发，继而开启前所未有的应用空间。

中国科学家发现了一种独特的现象和机制，即液态金属可在"吞食"少量物质后以可变的形态长时间高速运动，实现摆脱庞杂外部电力系统的自主运动。这是世界上的首次发现。

这个液态的"金属机器人"是用镓合金制成的，这是一种神奇的液态金属。一般来说，金属在常温下都是固态的，但镓熔点很低，在高于 29.78℃时呈液态出现，这意味着镓可以在手心里融化。科学家很容易就找到了使镓在常温下稳定维持液态的方法——制成合金，因为合金的熔点往往低于组成它的各种金属。镓和铟可以形成低熔点合金，如含 25% 铟的镓合金熔点只有16 ℃，或者 Galinstan 合金（68.5% 镓、21.5% 铟和 10% 锡）在常温下也呈现液态。这两种合金都能造出液态的"金属机器人"。

早在这个"金属机器人"被研究出来之前，研究小组就对镓合金的变形特性进行了多年研究。在不断的研究过程中，研究小组发现了镓合金的电控变形现象：当镓作为一极的时候，比如说正极，在导电溶液管道中，它会像蚯蚓一样自我伸长去连接负极。其背后的原理是液态金属与水体交界面上的双电层效应。说得简单点，就是电流在传播过水体的时候，会对液态金属产生类似静电吸附的拉力，而逐渐将它拉长。而如果在开放的非管道环境内，这种液态金属就会变得像章鱼一样，伸出很多触手了。

科学家发现，置于电解液中的镓基液态合金，可通过"摄入"铝的方式，实现高速、高效的长时运转，铝在中间作为食物或燃料提供能量。

应该说，液态金属机器人一系列非同寻常的"习性"已相当接近自然界中一些简单的软体生物，如能"吃"食物（燃料），能自主运动，能变形，具备一定代谢功能（化学反应），因此研究者们将其命名为"液态金属软体动物"。

88

微观世界的"超级显微镜"：
中国散裂中子源

地　　位	中国首台脉冲式散裂中子源
建设时间	2011年10月—2018年3月
建设地点	广东省东莞市
运营单位	中国科学院高能物理研究所

中国散裂中子源是由中国科学院高能物理研究所运营的一个中子源，位于广东省东莞市大朗镇。它基于粒子加速器而建设，于2018年3月正式建成完工，并于同年9月底面向国内外用户开放使用。该散裂中子源是继英国、美国、日本后的世界第四台散裂中子源，也是中国首台脉冲式散裂中子源。

中国散裂中子源是我国重点建设的大科学装置，可以产生高强度的中子束，用于物质科学、生命科学、资源环境、新能源等领域的基础研究和高新技术研发。它的成功建设，提升了我国在强流质子加速器和中子散射领域的技术水平和自主创新能力，对满足国家重大战略需求、解决前沿科学问题具有重要作用。

中国散裂中子源包含一个由直线加速器辅助的质子同步加速器。质子同步加速器发出超高能脉冲，用电磁场将质子加速后轰击钨金属靶，产生高能的中子，再用中子减速剂将中子减速到合适的能量。由于中子的特殊性质，所以在仪器中操控中子束，让它们为我所用并不容易。

中子的电中性让它不仅很难侦测，也很难被控制。电中性使得我们无法以电磁场来加速、减速或是束缚中子，自由中子仅对磁场有很微弱的作用。真正能有效控制中子的只有核作用力。我们唯一能控制自由中子运动的方式是放置原子核堆在它们的运动路径上，让中子和原子核碰撞借以吸收其能量。

中国散裂中子源工程的意义主要表现在以下三个方面：其一，中子源是开展材料科学、生命科学、环境科学等前沿研究的重要工具，具有探测物质内部结构和性质的独特优势。中国散裂中子源工程的建设将推动我国在这些领域的科学研究和技术创新，为国家经济的发展提供支撑。其二，散裂中子源技术在医学领域有广泛的应用，如癌症治疗、药物研发等。中国散裂中子源工程的建设将有助于推进我国医疗技术的发展，改善人民的健康水平。其三，散裂中子源在核领域有着广泛的应用，如核能的研究和应用、核武器的研发和安全监管等。中国散裂中子源工程的建设将有助于增强国家的核安全能力和技术储备，维护国家的核安全和国家安全。

中国散裂中子源工程的建设对于推进我国科技创新和经济发展、提高国际竞争力、改善人民生活、增强国家安全等方面都具有重要的意义。该工程有力地促进了我国在相关领域的发展和进步。

89

让宇宙更清晰：
4米量级碳化硅反射镜研制成功

时　间	2018 年 7 月
地　位	世界口径最大的单体碳化硅反射镜
用　途	对地观测、深空探测和天文观测
研制单位	中国科学院长春光学精密机械与物理研究所

　　2018 年 7 月，中国科学院长春光学精密机械与物理研究所完成了 4.03 米大口径碳化硅反射镜研制，它是目前为止世界上口径最大的单体碳化硅反射镜。

大口径高精度非球面光学反射镜是高分辨率空间对地观测、深空探测和天文观测系统的核心元件。4米量级碳化硅反射镜的研制成功，不仅标志着我国光学系统制造能力达到国际先进水平，也为我国大口径光电装备跨越升级奠定了坚实基础。为什么这面"大镜子"有这么大的意义呢？

大口径高精度碳化硅非球面反射镜的制造是世界性难题，以下的三大难关哪一个都绝非易事：首先，碳化硅材料制备困难；其次，非球面加工检测充满挑战；最后，想让"大镜子"明亮起来，高性能改性镀膜必不可少。就拿材料来说，超大型的碳化硅材料需要在极高温度下将碳化硅粉末烧结在一起，工艺复杂困难。

碳化硅，化学式为 SiC，俗称金刚砂，是硅与碳通过共价键结合而成的陶瓷状化合物，在大自然中以莫桑石的形式存在。将碳化硅粉末烧结后可得到坚硬的陶瓷状碳化硅颗粒，并可将其用于汽车刹车片、离合器和防弹背心等需要高耐用度的材料中。

碳化硅具备的低热膨胀系数、高硬度、高刚性和高热导率使其能够作为天文望远镜理想的镜面材料。通过化学气相沉积制造的直径达 3.5 米和 2.7 米的多晶碳化硅圆盘已被分别安装在赫歇尔空间天文台和同温层红外线天文台等几个大型天文望远镜上。

未来，美丽的"大镜子"将在我国天文观测、深空探测等重大科技项目中得到广泛应用，这些装备将遍及全球的陆地和天空，让人类的目光更加深邃、视野更加宽广！

90

物质和材料领域的重大成果：
纳米金属的研究

类　　别	工业材料
代表人物	卢柯
研究单位	中国科学院金属研究所
特　　点	高强度、高塑性和高电导率

近年来，中国科学院金属研究所卢柯院士领导的团队在纳米金属结构材料领域取得了许多令人瞩目的成果。凭借对纳米孪晶结构及梯度纳米结构开创性的发现，同时实现了铜的高强度、高韧性和高导电性，卢柯获得了 2020 年未来科学大奖物质科学奖。

过去人们认为让金属材料同时具备高强度、高塑性和高电导率是一项不可能完成的任务，因为提高材料强度会导致塑性和电导率的下降。这种现象的原理需要从金属材料的结构说起。

对于普通金属来说，从原子到块体之间存在一种介于两者之间的结构，即晶粒。晶粒是由金属原子聚集起来形成的团块组织，它们之间的边界就是晶界。宏观的金属块体由无数的晶粒组成。可以用石榴的结构来辅助理解金属块体的结构。石榴看作块金属，其中的每颗种子看作金属原子，由白色组织隔开的各个部分可以看作不同的晶粒，白色的组织就是晶界。

晶粒细化是提高材料强度和塑性的一种方法，在工业上有广泛应用。但是，当晶粒尺寸细化到纳米级别时，材料的塑性会降低。这是由于晶界密度过高，使得材料难以发生变形，阻碍了材料的塑性。此外，纳米金属中晶界的数量很多，会阻碍电流的传导速度，导致导电性下降。

长期以来，人们认为纳米金属的强度、塑性和导电性之间存在着不可调和的矛盾，无法同时提高这些性能。但是，在对纳米金属进行长期研究和观察的过程中，卢柯院士发现，通过对纳米金属结构进行一些修饰和调整，可以实现材料多种性能的同时提高，创造出神奇的新型材料。

卢柯院士的研究成果在中国科学院金属研究所和沈阳材料科学国家（联合）实验室完成。这一成果是我国科学家在物质和材料领域的重大原创性成果，为国家科技事业发展作出了贡献。

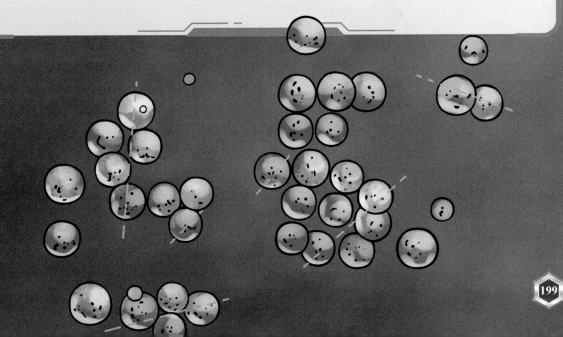

91

经典计算机面临的挑战:
世界首台光量子计算机诞生

时　间	2017 年 5 月
代表人物	潘建伟、陆朝阳
地　位	世界首台超越早期经典计算机的光量子计算机
研制单位	中国科学院量子信息与量子科技创新研究院

2017 年 5 月 3 日，我国科学家成功研制了世界首台超越早期经典计算机的量子计算原型机，为实现"量子霸权"奠定了坚实的基础。这台原型机诞生于中国科学院量子信息与量子科技创新研究院，中国科学家首次演示了超越早期经典计算机的量子计算能力。

量子计算被称为"自然赋予人类的终极计算能力"。在一些特殊的领域里，理论上传统计算机和量子计算机的速度完全无法相提并论，因此人们也把实现超越经典计算能力的量子计算称为"量子霸权"。

量子计算机的概念，早在 1981 年就由美国著名物理学家费曼提出，这是一种全新的计算机模式。虽然量子计算机的原理并不复杂，但是在技术上却困难重重。

首先是量子计算机的信息载体——量子比特的制备。量子比特最重要的性质就是相干性，好的相干性才能使量子比特同时加载多种信息状态，但是量子比特非常容易受到退相干和量子噪声的影响，相干性遭到破坏，就失去了量子计算的优势。这也极大地阻碍了制造量子计算机的进程。因此，多粒子纠缠的操纵就成了量子计算的技术制高点。

2017 年 5 月，中国科技大学的潘建伟团队实现了当时世界最大数目——10 个超导量子比特的纠缠和完整测量；同样是在 2017 年 5 月，潘建伟和陆朝阳团队基于先进的量子比特操纵技术，制造出世界上第一台 5 光子玻色采样计算机。

实验测试表明，该量子计算机的取样速度比国际同行类似的所有实验快至少 24 000 倍，同时，通过和经典算法比较，也比人类历史上首台电子管计算机和首台晶体管计算机运行速度快 10 ～ 100 倍。在创造世界纪录的同时，它也是世界上第一台超越早期经典计算机的光量子计算原型机。

世界首颗量子科学实验卫星"墨子号"成功发射，世界首条量子通信保密干线"京沪干线"开通，世界首次洲际量子通信的实现，都标志着我国在量子计算、量子通信等领域是引领全球的核心力量。

92

向量子优盘靠近：
量子光存储时间
被提高至 1 小时

类　别	量子通讯和量子计算机技术
时　间	2021 年
代表人物	郭光灿
地　位	刷新了 2013 年德国科学家团队创造的世界纪录

2021 年夏天，中国科学家团队在量子光存储技术上取得了一项重大突破，成功将量子光存储时间延长至 1 小时，打破了 2013 年德国科学家创造的 1 分钟纪录，向实现量子优盘迈出重要一步。

与现有的光存储技术不同，量子光存储是基于量子的原理和实现方式。但是，究竟什么是量子光存储，它又是如何"存储"光的呢？量子计算机和量子通信的实用化是未来的趋势，而量子光存储技术将在其中发挥重要作用。

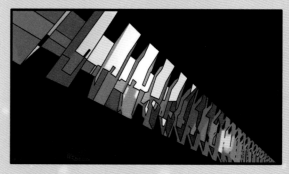

量子光存储

为了实现量子优盘，我们需要开发与之相应的传输和存储技术，这对于现有的计算机和通信网络来说是一场大改变。量子光存储就是一项非常重要的技术，它可以为量子计算机技术提供基础支撑,利用光存储来实现量子优盘的应用。

要理解量子计算机，需要了解量子世界和宏观世界之间的巨大差异。这两个世界之间的物理原理和规律是完全不同的，宏观世界中可利用的物理规律在量子世界中可能完全失效。因此，为了实现量子计算机和量子通信的实用化，我们需要开发新的技术来适应这种巨大的差异。

之前，光虽然被科学家们用各种特殊的物质加上各种特殊的手段"存储"下来了，但存储寿命还很短。因此设法提高量子光存储的寿命就成为科学家们需要攻克的新目标。

将量子光存储时间延长至 1 小时，是一项难度很大的技术。但是，这项技术的意义非常重大，它为未来的量子计算机和量子通信的发展提供了重要的支持。在未来的研究中，我们将继续探索量子光存储技术的潜力，为量子计算机和量子通信的实用化奠定更加坚实的基础。

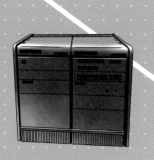

6

民用技术
数据智能

93

华夏第一屏：
首台国产电视机

类　　别	黑白电视机
名　　称	"北京牌"电视机
制成时间	1958 年
研制单位	天津无线电厂

　　1958 年，天津无线电厂试制出我国第一台国产电视机，并于当年 3 月 17 日实地接收信号试验成功，为了标志这是我国第一台电视机和全国第一家电视生产厂的产品，特以首都"北京"为这台电视机命名。这台 820 型 35 厘米电子管黑白电视机，又被誉为"华夏第一屏"。

如今，电视机是家家户户拥有的普通电器，主流电视机屏幕尺寸更是达到了 50 英寸以上，甚至连 100 英寸的大屏液晶电视机也成了普通家庭能负担得起的电器。

不过，在中华人民共和国成立之初，电视机对于普通人来说绝对是奢侈品。一方面是因为电视机本身是有一定技术含量的工业产品，另一方面也与当时我们落后的工业能力有关。人民群众迫切希望拥有属于我们自己的国产电视机，可新中国第一台国产电视机的诞生，却经历了许多波折。

20 世纪 50 年代，为了填补新中国电视事业的空白，国家把试制电视机的任务交给天津无线电厂（即 712 厂）。据当时项目的主要负责人回忆："当时生产电视机不容易，不像后来搞引进工程，人家有图纸你可以拿过来，有专家来给你指导，这些当时都没有，就得自己琢磨怎么做。"

当时的很多技术人员甚至从来都没见过电视机，和电视机相关的理论也没学过。工厂多方收购出国人员带回国内的"记录牌""先锋牌"电视机作为样机研究。1957 年底，当时的电子工业主管部门——第二机械工业部第十局的领导到国外参观访问时带回来几套新型的"红宝石牌"电视机散件，提供给试制小组进行研究。此外，根据国外专家在华顾问组的建议，第二机械工业部第十局从国外订购了一些新型的"旗帜牌"电视机样机、散件和资料，供天津无线电厂参考研究。

研制小组发现国外的"旗帜牌"电视机最适合借鉴参考，但设计不完全符合我国国情，因为我国电子工业配套水平与国外尚有较大差距，还无法生产国外电视机的元器件和材料。要在短时间内拿出国产的电视机，他们必须自力更生，走自己的研制道路。全体工程技术人员抱着这样的豪迈心态日夜努力，终于让第一台国产电视机在短时间内成功下线。

如今，中国每年生产的各种尺寸电视机达到两三亿台，占据全球 50% 以上的市场份额，电视机在中国也从奢侈品和高端工业品变成了普通的民用产品。然而，我们不能忘记最初的火种，更不能忘记当年的豪情壮志。

94

告别"铅与火",跨进"光与电":
研制汉字激光照排系统

类　别	汉字处理技术
启动时间	1974 年 8 月
制成时间	1979 年 7 月
代表人物	王选

2006 年 2 月 13 日,一位曾经获得国家最高科学技术奖的科学家永远离开了我们,他就是发明汉字激光照排系统的王选。

王选曾说,从事有趣的、富有挑战性的设计,本身就是一种愉快的享受。在汉字激光照排系统发展早期,王选就选择了一条不寻常的艰难路线,他力排众议,直接开始研制西方还没有产品的第四代激光照排系统。

1974 年 8 月，中国正式开启"748"工程，由汉字通信、汉字情报检索和汉字精密照排三个子项目组成。王选的坚持让第四代激光照排系统的研制工作"挤"进了"748"工程，从而获得了难得的发展良机。

只用了 5 年，1979 年 7 月 27 日，科研人员用自己研制的照排系统，在短短几分钟内成版地输出了一张由各种大小字体组成、版面布局复杂的八开报纸样纸，报头是"汉字信息处理"六个大字。这份诞生在北大汉字信息处理技术研究室计算机房里的样张，是全世界首次用激光照排机输出的中文报纸版面。

1979 年 7 月，第一台汉字激光照排系统原理性样机研制成功。

之后，王选团队将这项技术发展到了实用化程度，国内众多报社和印刷厂商开始使用激光照排系统，彻底摆脱了曾经的铅字，让排版效率提升了几百倍。大量的产业化应用机会为国产的汉字激光照排技术带来充足的发展资金，也培育了大批相关人才。然而，当时对国外厂商的盲目迷信仍然存在，很多人觉得外国厂商解决不了的问题，中国技术更不可能取得突破。

20 世纪 80 年代末，我国花巨资引进的外国照排系统在处理汉字时均告失败，当时甚至有声音质疑汉字是否可以生存于信息时代。幸好，王选和许多科研人员都在为汉字的信息化输入输出技术努力，最终我们实现了对外国企业的完美超越。

作为汉字激光照排系统的创始人和技术负责人，王选不光是一位天才般的科技工作者，更是一位有着超前意识的成功企业家。他从 20 世纪 80 年代初就致力于将研究成果进行商品化和产业化，是一位能把技术创新与市场营销完美结合的企业管理者。在他的努力下，中国激光照排行业创造了巨大的经济和社会效益。

如今，我们的报业和出版印刷行业不但不受制于人，还能输出技术，这是无数科研人员坚持自主创新带来的结果。

95

计算机中的"争气机"：
"银河"系列
计算机问世

类　　别	巨型计算机
制成时间	1983 年 12 月
研制单位	中国国防科技大学
所获荣誉	国防科技奖特等奖

　　1983 年 12 月 22 日，中国第一台每秒钟运算达 1 亿次以上的计算机——"银河-Ⅰ"在长沙研制成功，填补了国内巨型计算机的空白，这也让我国成为继美、日之后世界上第三个能研制巨型计算机的国家。

"银河 - Ⅱ"巨型计算机

"银河"计算机是指由中国国防科技大学研制的一系列巨型计算机，它们的成功面世，为中国在超算领域取得世界领先水平奠定了坚实的基础。巨型计算机能够执行一般个人计算机无法处理的高速运算，其规格与性能比个人计算机强大许多。现有的巨型计算机运算速度可以轻易达到每秒一万亿次以上。

1978年3月，中共中央和国务院把研制"银河 - Ⅰ"巨型计算机的艰巨任务交给国防科技大学。在全国20多个科研生产单位和使用单位的大力协作、密切配合下，国防科技大学的科技人员经过六年的艰苦奋斗，克服了很多理论上、技术上和工艺上的困难，终于在1983年成功研制了这台超高速巨型电子计算机。

当时，只有少数几个国家能够研制巨型电子计算机。而"银河"计算机的研制成功，提前两年实现了全国科学大会提出的到1985年"我国超高速巨型计算机将投入使用"的目标，使我国跨进了世界研制巨型计算机国家的行列，标志着我国计算机技术发展到了一个新阶段。

此后，"银河"团队培养了大批优秀的科学家和工程技术人员，让中国的高性能计算机科研事业始终处于良好的发展轨道，为之后一系列成果的诞生创造了有利条件。

1992年11月19日，"银河 - Ⅱ"10亿次巨型计算机在长沙通过国家鉴定。1997年6月19日，"银河 - Ⅲ"巨型计算机在北京通过国家鉴定，它采用分布式共享存储结构，面向大型科学与工程计算和大规模数据处理，基本字长64位，峰值性能为每秒130亿次。

超级计算机广泛应用于天气预报、空气动力实验、工程物理、石油勘探、地震数据处理、卫星图像处理、大型科研计算、国防建设等领域，产生了巨大的经济效益和社会效益。例如，20世纪90年代，国家气象中心将超级计算机用于天气预报系统，使我国成为当时世界上少数几个能发布5至7天中期数值天气预报的国家之一。

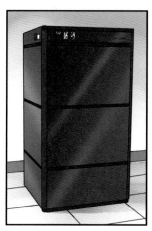

"银河 - Ⅲ"巨型计算机

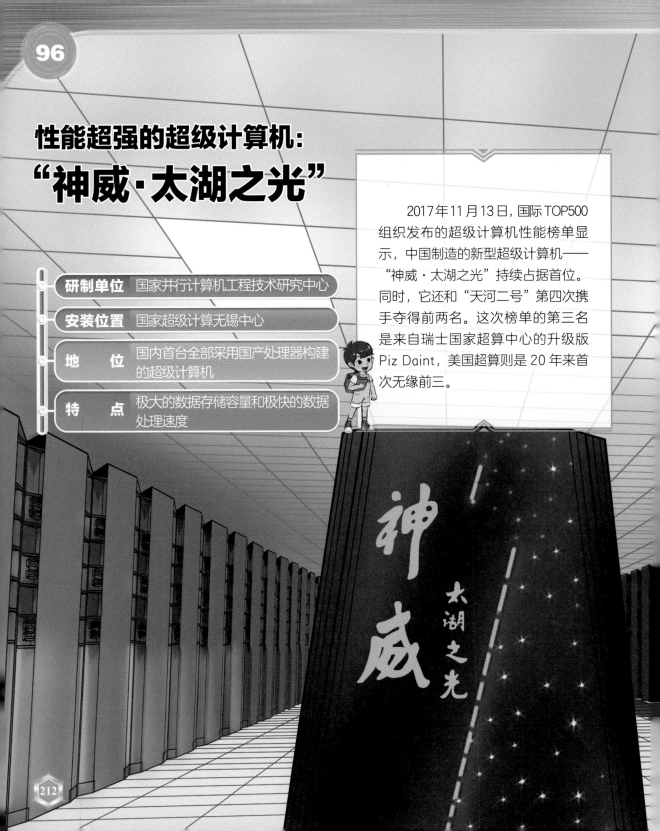

96

性能超强的超级计算机：
"神威·太湖之光"

研制单位	国家并行计算机工程技术研究中心
安装位置	国家超级计算无锡中心
地　　位	国内首台全部采用国产处理器构建的超级计算机
特　　点	极大的数据存储容量和极快的数据处理速度

2017年11月13日，国际TOP500组织发布的超级计算机性能榜单显示，中国制造的新型超级计算机——"神威·太湖之光"持续占据首位。同时，它还和"天河二号"第四次携手夺得前两名。这次榜单的第三名是来自瑞士国家超算中心的升级版Piz Daint，美国超算则是20年来首次无缘前三。

令国人为之兴奋的成绩不止于此，2017年11月的榜单中，中国上榜超级计算机系统数量第一次超越了美国，并且在数量上对美国形成了压倒性的202比143。要知道在6个月之前，这个数字还是美国169比中国160！

天河二号

中国上榜超算系统的暴增也令美国上榜的超级计算机数量降至25年来的最低水平。此外，中国在总体性能这一指标上也超过了美国。目前，中国超算占TOP500榜单浮点计算力的35.4%，美国以29.6%位居第二。短短半年时间，中国在尖端和总体上都实现了对美国的超越。超算与高铁一样，正在成为中国科技实力和工业能力的新名片。

超级计算机由于具备多个并行的高速运算核心，能够实现远高于一般计算机的运行速度。由于普通人较少接触实际应用超算的行业或者领域，对超算的作用缺乏感性认知，经常觉得超算与我们的生活有强烈的距离感。

实际上，超算对日常生活的影响可能远超你的想象。目前超算系统中常见的计算模型有天气预报模型、地球模拟器模型、飞行模拟器模型、分子蛋白质折叠模型和神经网络模型。超算并不遥远，反而早已渗透到我们生活的方方面面。

此外，利用"神威"云计算、云储存优势资源，还可在基因大数据、医学影像、医疗行业的市场资源、用户资源和产品解决方案等方面打造云平台与大数据产业，开拓国内计算机辅助药物研发的市场。

改革开放四十多年来，无数科研工作者投身超算事业，"银河"系列、"天河"系列、"曙光"系列、"神威"系列陆续登场，中国超级计算机事业从一片荒芜到全面开花，目前已跨入世界先进行列。

97

"芯芯"之火，可以燎原：
"龙芯"处理器
诞生

类 别	通用处理器
研制时间	2001 年
制成时间	2002 年
研制单位	中国科学院计算技术研究所

20 世纪 90 年代，美国英特尔公司推出的"奔腾"系列处理器，以优异的性能占领了全球通用处理器市场的大半份额，也为中国的相关企业和工程技术人员带来了巨大的压力。2002 年，中国"龙芯"的横空出世，成为打破西方产业垄断的微光，它的身上肩负着我们太多的期待。

通用处理器是信息产业的基础部件，也是电子设备的核心器件，我们电脑中的中央处理器（CPU）就是一种最为典型的通用处理器。通用处理器是关系到国家命运的战略产业之一，其发展直接关系到国家技术创新能力，关系到国家安全，是国家的核心利益所在。可以毫不夸张地说，如果不能在通用处理器领域取得世界领先的成就，培养出世界级的企业，我们的信息安全随时都有受制于人的风险。

在这样的背景之下，中国科学院计算技术研究所开始研制"龙芯"处理器，目标就是要实现技术和产业突破，至少在重要的国防安全领域实现芯片自给，同时谋求进一步进军民用市场的可能。"龙芯"项目从最初就得到了中国科学院知识创新工程、863、973、核高基等国家级研发项目的大力支持，完成了将近十年的技术积累。

"龙芯"主板

2010年，在中国科学院和北京市政府共同牵头出资支持下，"龙芯"开始市场化运作，对"龙芯"处理器研发成果进行产业化。这也标志着十年卧薪尝胆，"龙芯"终于结出了硕果。

从无到有，"龙芯"带着国之使命诞生，初心便是打破我国计算机产业受制于人的局面。龙芯中科技术股份有限公司作为承载"龙芯"市场化大业的主力，始终以满足国家信息化建设需求作为发展第一目标。成立十余年来，龙芯中科技术股份有限公司一直站在国际信息技术前沿，成为我国通用处理器领域打破西方科技封锁的明星企业。"龙芯"始终坚持自主创新，在20余年时间里，全面掌握了CPU指令系统、处理器IP核、操作系统等计算机核心技术，开始打造自主开放的软硬件生态和信息产业体系。

目前，"龙芯"已经能够为国家战略需求提供自主、安全、可靠的处理器，系列产品在电子政务、能源、交通、金融、电信、教育等行业已获得广泛应用。虽然在芯片这一领域，西方国家一直对我们进行严厉的技术封锁，但"龙芯"等自主研发的芯片的存在，仍然让我们看到了赶超的希望，相信中国芯片产业的全面突破不会遥远。

98

移动通信技术的时代变迁：
从 1G 时代开始

类　　别	移动通信技术
应用范围	陆、海、空
成　　果	中国在世界移动通信标准的制定中成为主导者
发展阶段	1G、2G、3G、4G、5G

我们在生活中经常听到 4G、5G 这样的说法，不论是几 G，指的都是移动通信技术，而这里的"G"是指 Generation，也就是"代"的意思。移动通信技术的发展演变是从 1G 开始的。

1G 时代也叫语音时代，我们在过去的影视剧中常看到的"大哥大"，就是这个时代的产物，当时采用的技术是模拟通信。1G 时代，从基站设备到"大哥大"手机都非常昂贵，后者更是身份和财富的象征，普及率非常低。

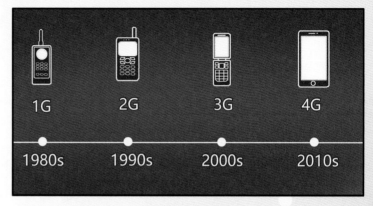

移动通信技术的演变

2G 时代也叫文本时代，此时，移动通信开始具备了高度的保密性和更大的系统容量，手机不仅能打电话，还能发短信、看网页、甚至玩游戏。非常著名的游戏——贪吃蛇就是从这个时代开始流行的。虽然有了一定进步，但 2G 网络不够稳定，网速非常慢，因此，手机网页大部分以纯文字为主，极少出现图片。

1G 和 2G 时代，从通信基站设备到终端手机，中国的厂商都没有特别明显的存在感。虽然当时已经出现了一批国产手机品牌，但它们在知名国外品牌面前，没有性能上的特别优势，仅仅依靠价格便宜占据了一些低端市场份额。而整个通信网络的组建，需要采购大量的国外设备，价格异常高昂，这也导致手机资费居高不下，可以说是服务差、收费高。

从 3G 时代开始，由中国通信设备供应商参与制定的通信行业标准，开始走向了世界。依托着巨大的消费市场，中国通信行业在短短十年内完成了华丽转身，不光在世界移动通信标准的制定中占据了一席之地，甚至可以说是成为通信标准的主导者。

如今，中国提供的成套通信设备，早已打开国际市场，甚至大多数发达国家都需要采购和选用我们的产品。

99

移动通信标准崛起：
5G 时代的到来

类 别	移动通信技术
定 义	第五代移动通信技术
特 点	网速快、安全性高
所获荣誉	入选"2021 全球十大工程成就"

近年来，我国部分 5G 核心技术已处于全球产业第一梯队，具有极强的核心竞争力。2019 年，我国正式进入 5G 商用元年。据工业和信息化部数据显示，截至 2022 年底，我国累计建成开通的 5G 基站已超过 230 万座，占全球 5G 基站总数的 60% 以上。

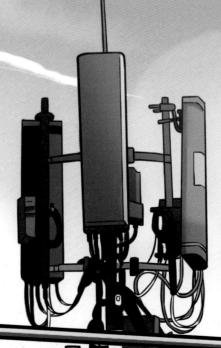

5G 即第五代移动通信技术。网速的提升能改善用户上网的体验感，也能更便捷地开展一些对网速要求较高的业务。因此，5G 第一个特点就是速度的提升。在精品网络条件下，5G 峰值速率达 1.7 Gbps，约为 4G 的 10～15 倍，体验速率则达到了 700～800 Mbps，约为 4G 的 20 倍。这样的速度意味着用户可以每秒钟下载一部高清电影，也可以支持 VR 视频。同时，这样的高速率给未来对网络速率要求很高的场景应用提供了无限可能，如 8K 超清视频、全息投影等将突破传统视频服务体验极限，实现声情并茂的效果，让人感到身临其境。

安全是 5G 标准之后智能互联网最为迫切的要求。因此，作为关键信息基础设施和数字化转型的重要基石，5G 提供了比 4G 更强的安全能力，包括服务域安全、增强的用户隐私保护、增强的完整性保护、增强的网间漫游安全、统一认证框架等。与此对应的，5G 网络采用的主要关键技术有服务化架构、网络功能虚拟化、网络切片、边缘计算、网络能力开放、接入网关键技术等。

依靠大带宽、低时延、广连接等特点，5G 网络在多个行业发挥赋能效应。5G 时代，各种新兴事物层出不穷，5G 将与人工智能、大数据、移动互联网、物联网、云计算等协同融合，极大丰富了数字产业的生态和数字终端的类型。而在 5G 应用中融入个性化的人工智能应用，可以帮助人们更加高效地应对日常生活和工作。

据估计，到 2025 年中国将拥有 4.3 亿个 5G 连接，中国移动用户使用 5G 比例将达到 28%，将占全球 5G 用户总量的 1/3，中国将成为全球最大的 5G 市场。

100

消费级无人机中的独角兽：
大疆无人机

类　　别	消费级无人机
用　　途	航拍、跟拍等
突 破 点	抗风、定位、载重
研制单位	深圳市大疆创新科技有限公司

　　无人机发展至今已经有近100年的历史。一直以来，受到技术、政策等因素的限制，无人机发展一直集中于军事领域，而大疆带领的消费级无人机使民用无人机得到了前所未有的发展机遇。

相较于有人驾驶飞机，无人机满足了很多行业的需求，比如航拍、军用侦察、农业植保、快速运输、灾难救援，等等。无人机行业一出现便成为市场热点，大疆无人机更是在无人机市场"所向无敌"。

2012年，大疆已经积累了研发一款完整无人机所需要的技术元素：软件、螺旋桨、支架、平衡环及遥控器。2013年，大疆消费级无人机产品"精灵"问世，可搭载摄像机，售价2888元，将消费级多旋翼无人机的价格地板彻底打穿。"精灵"无人机打开了大疆所称的"窄门"，而后的升级产品Phantom 2 Vision+更是进入了2014年《时代》杂志年度"十大科技产品"榜单。

除了当时利用Gopro运动相机拍摄极限运动已经成为欧美年轻人竞相追逐的时尚潮流这个有利条件，更重要的是其具备一定的抗风性能、定位功能和载重能力，实现了消费级的水平却只有着玩具级的价格，这是一个行业从0到1的突破，可以说是对行业有着开疆拓土之功。当大疆完成了一系列的技术积累后，凭借1500多名工程师的协同努力，终于掌握了数百项无人机专利技术、占有超过70%的全球市场，在消费级旋翼无人机领域一骑绝尘。

为了保障用户的飞行安全，大疆加强了无人机飞行安全管理，实施了更加严格的安全措施和飞行限制。大疆集团在全球范围内拓展了业务，包括在美国、德国、日本、韩国等地设立分支机构和研发中心，加强了与全球合作伙伴的联系。大疆集团不断加大投入，完善技术研发的布局，包括人工智能、自主飞行、机器视觉等方面，推动无人机技术的不断创新和发展。除了在航拍、军事、消费等领域应用，大疆集团也不断拓展应用领域，如在医疗、物流、农业等领域探索无人机技术的应用。

大疆的成功，给中国民航企业带来了极大的触动，促使形成巨大的无人机市场。在大疆之前，很多人分不清航模和无人机的区别；在大疆之后，人们发现无人机领域的商业潜力巨大。

各路企业纷纷试水，甚至连之前做载人机的一些单位也降格以求。中航工业或航空学校的科研院所，凭借国内顶尖的一线自动化技术和航空电子专家队伍，利用在载人飞行器的功能定位、机身结构、气动性能、航电系统、抗干扰能力等方面的丰富经验，向大疆发起冲击。

图书在版编目（CIP）数据

青少年应该知道的中国百大科技成果 / 贲德主编；
江苏省科普作家协会编. -- 南京：江苏凤凰美术出版社，
2023.7（2024.7重印）

ISBN 978-7-5741-0394-8

Ⅰ. ①青… Ⅱ. ①贲… ②江… Ⅲ. ①科技成果—中
国—青少年读物 Ⅳ. ①N12-49

中国版本图书馆CIP数据核字(2022)第240162号

选 题 策 划	王林军
项 目 统 筹	朱 婧
责 任 编 辑	王 璇 奚 鑫 朱 岩
责任设计编辑	樊旭颖
编 务	李秋瑶
执 行 主 编	张 洁
特 邀 编 辑	白玉磊
绘 图	成都笨猫文化传播有限公司
装 帧 设 计	宸唐工作室
责 任 监 印	生 嫄
责 任 校 对	高 静
实 习 校 对	于 磊 崔秀璇
撰 文 作 者	王志华 白玉磊 汤 淏 李金娟 李 瑞 何天宇
	张 昊 张 洁 陆 艳 罗桂林 周红昌 周 瑞
	庞海波 郝雅文 夏 越 郭 菲 康信辉

书 名	青少年应该知道的中国百大科技成果
主 编	贲 德
编 者	江苏省科普作家协会
出 版 发 行	江苏凤凰美术出版社（南京市湖南路 1 号 邮编：210009）
印 刷	南京新世纪联盟印务有限公司
开 本	787mm×1092mm 1/16
印 张	14
版 次 印 次	2023 年 7 月第 1 版 2024 年 7 月第 2 次印刷
标 准 书 号	ISBN 978-7-5741-0394-8
定 价	98.00 元